比專業更重要的

隱形競爭力

曾國棟原著・口述｜**王正芬**整理・補充

編者的話》

多做一小步，為自己開創一片寬廣的未來

商周出版第一編輯室總編輯　陳美靜

第一次聽曾董談到「多一小步」（多做一件事）這概念時，我點頭如搗蒜，因為原本在自己腦中存在但卻模糊的想法，經由曾董的口中，變得具象而鮮明。這也讓我想起自己在多年的職場生涯，曾遇到好幾位一直默默力行這概念的專業工作者，其中有一位編輯同事最令我印象深刻。

這位編輯在多年前曾負責一本由國外知名華頓商學院（Wharton School）的教授所寫的商業書，這是一本相當專業的書，內容相當重要但也相對有些艱澀。這位編輯在整本書的作業過程中，除了完成原有既定的工作流程外，也一直在思索如何降低閱讀門檻，讓讀者能更輕鬆地吸收書中的內容，而不至於因文字的深奧導致半途而廢。最後他決定多做一件事，他邀請了國內幾位知名商學院的教授，為這本書的每一章節都先撰寫一篇導讀，如此一來，讀者在閱讀章節內容前，就可以先透過這些導讀理解該章節的重點，進而更快速地掌握這本書所介紹的所有重要概念。我相信當時有購買這本書的讀者，一定可以感受到這位編輯多做了這件事的善意與用心。

這位編輯所做的這件事，並不在工作的標準作業程序（SOP）中，但他選擇多做一件事，我相信，他不僅順利完成了這本書的編輯工作，更重要的是，他還縮小了這本書與讀者之間的「距離」，讓這本好書可以被更多的讀者閱讀。

我想，在各行各業的許多工作，一定都有所謂的SOP，工作者當然可以完全遵循這些SOP去完成每一項任務，但如果還能在這些SOP之外，多做一件事——一件最關鍵的事，那就不僅是**做完**一項工作，而是**做好**一項工作，並且可以讓自己成為一位「專業」的工作者。

現在的年輕世代在進入職場後，所面臨的環境與競爭相對是更嚴峻而複雜的，你可以選擇抱怨**22K**的薪水，或埋怨找不到好工作；或是，你也可以決定除了專業與敬業，讓自己更具備「多一小步」、「多做一件事」的企圖心，進而提升自己成為群體中無法被取代的一員，那麼，我相信如此的專業工作者一定可以為自己開創一片寬廣的未來。

編者的話》凡事多一小步——功不唐捐

胡適先生的書桌上放著「功不唐捐」四個字，他告訴文學家陳之藩說：「這幾個字是梁實秋梁老送給我的。當時，我在推動新白話文運動，遭遇社會各界極多的阻力，梁老告訴我凡事只要『下功夫（功）就不會（不）白白的（唐）浪費掉（捐）』，……因為經過一段時間就會發現，原來只要用心的投入參與過這些奮鬥過程，不管結果是成功或失敗，一定會有很深刻的生命經驗烙印在裡面，好與壞都會

增長我們處事的智慧、毅力與韌性！」

之後，胡適先生也總以此來勉勵各界。他認為大家應該將「功不唐捐」視為一種信念，他強調：「沒有一點努力是會白白地丟了的。在我們看不見想不到的時候，在我們看不見想不到的方向……。」

這一點，我體會很深。或許是做著喜歡的工作，在執行案子時，我時常會比客戶更嚴謹、要求自我更多一些，剛開始同事對此很不以為然，常說：「正芬姐，客戶覺得好就好了，妳不要再……。」但是漸漸地，他們不再抱怨，因為竟然有客戶在結案時主動增加酬勞，明明是單一案子卻不斷衍生新的案子，原本沒有預算也能產生新契機……，雖然更多時候，功不唐捐的效益是隱性的，分散在細微的時間之內，但是隨著經驗的累積，你會發現這些點點滴滴其實都並未流失，因為你堆疊的不只是專業，還有口碑（你的品牌）、感動他人的影響力、溝通的魅力……，然後就在這些細微之中，慢慢匯積成了屬於自己深厚的工作實力和人文底蘊。

所以當第一次聽到曾董事長提出「多一小步服務」想法時，我很佩服，我認為這句「多一小步」不僅是友尚的核心價值，它還匯聚了上述許多做人做事的智慧，更重要的是，曾董事長不但透過淺顯具象的一句話，讓許多看似教條或天馬行空的大道理都有了立足之處，還更進一步思索，提出了二十一種思維，希望讓大家有明確可依據執行的方法，讓身處各個職務、崗位的我們，都很容易有頭緒發展和捏塑屬於自己的職場價值，甚至人生價值。

或許也是緣於工作的關係，有機會和許多人互動，我發現工作職場上大致可區分為兩種人：一種是從「報酬」評估「付出的多寡」，另一種則是先「付出」再爭取「報酬的調整」。而許多讓人激賞、在工作上有所成就者，多半是屬於後者，比起目前的報酬，他們更在意自己的付出能否得到他人肯定，於是在力求做到位的過程中，他們總會在某些環節上願意比其他人多想一些、多做一些，而這些多想、多做的部分，便往往會超過客戶或主管的期待，進而願意用更好的報酬或條件與他合作。

相對地，在工作上總是先從報酬評估付出的人，為了深怕自己吃虧，多會計算得「剛剛好」，也因為這「剛剛好」的計較，讓他們很難跨越一百分的門檻，多年經驗累積下來，雖然在工作上也不失專業，但在多數人印象中卻總少了一分「亮點」。

隨著時間拉長，兩種人在成就與滿足感的差距也開始愈來愈大。真的，人生，沒有一點努力是會白白地丟了的！

自序》歡心多一小步的服務

感謝讀者及一些企業朋友對第一本書《讓上司放心交辦任務的CSI工作術》的支持，有些企業將它當作內部教育訓練的教材，藉以提升工作技能及減少失誤，希望確實對讀者有些實質的幫助。

個人創辦的友尚公司是電子零件通路商，我們是標準「夾心餅乾」的服務業，上游是半導體的供應商，下游是電子產業的生產工廠，很多上下游廠商的規模都比我們還大上好幾倍，因此發話的權力都比我們強，可想而知，夾在兩強之間居中協調的角色並不容易扮演，經常要飽受上下游廠商的抱怨，並忍氣吞聲地將事情做完美的處理。

個人深知我們沒有太多的發話權，也深知同仁的辛苦，因為在這樣的環境之下，如果沒能擁有健全的中心思想，一定會做得很不快樂。

因緣際會，在慈濟的靜思營體會到了「帶著歡心做事」的重要，也體會到透過「分享」及「感染」，可以改變人的思維，於是在公司裡展開了「六心服務，樂在其中」的長期活動，利用「分享、表揚、感染」的影響，將帶著歡心做事的思維廣植在同仁的心裡，確實也看到一些同仁找到了快樂的泉源。

一趟日本加賀屋之旅，看到「女將」（相當於客人的專屬管家，是日本傳統溫泉旅館的靈魂人物）領軍送機，送到飛機起飛還在對客人搖國旗，讓我體會到「多一小步的服務」應該是加賀屋蟬聯三十四年日本觀光飯店冠軍的關鍵因素之一，於是將「多一小步的服務」定位為友尚的核心價值，結合了帶著歡心做事的觀念，持續推動「歡心多一小步的服務」，產生很多執行的SOP，期望將公司從A提昇至A+的地位，特將執行中的思維及細節整理成文章分享給大家。

除了EQ及專業知識、能力之外，人際關係仍是職場上成功的重要關鍵因素，無論是對上、對下或是對內、對外的人際經營，雖然都相當複雜，但卻有脈絡可循，文章中將分享人際經營的觀念及處理方式的心得。希望這些觀念及執行方法的心得能對讀者有所幫助。

目錄

前言

多一小步，讓競爭力跨出一大步

二〇〇三年開始，友尚就以「成為一流的企業」自許，雖然在這全球化、微利時代的競爭裡，很多事情我們通路商無法完全自己決定，必須配合客戶和供應商兩端的諸多狀況。但「服務」和「組織管理」卻是我們可以百分之百自己掌握的，因此，如何建立一個可以讓同仁樂在其中的工作氛圍，進而真心誠意地提升友尚的服務品質，一直是我念茲在茲的課題。

後來，幾次生活中親身經歷的體驗，帶給我很大的啟發，讓我對如何落實A⁺服務的方法有了更多明確的輪廓和可執行細節的想法。

快樂的慈濟無給職義工

透過好友郤中和的引薦，我抱著好奇心參與了兩天一夜的慈濟靜思營活動，看到一個擁有四、五百萬人的組織，看似無形的組織架構，卻運作得一絲不苟，從訂做制服、接機、課程安排、用餐、心得共享、參觀流程……等種種服務，都做得讓參與者由衷地讚歎，更驚訝的是，那些服務的人員都是無給職的義工。

為什麼這些慈濟無給職的義工可以做得這麼快樂、這麼完美？

我不由得思索著：究竟是什麼樣的動力和心態可以讓他們如此自發地盡心服務，而且看起來非常快樂？我認真地去觀察並體會，發現他們每個人都帶著歡喜心工作，全都充滿著熱情與歡心，才可以那麼用心地將整個流程做得那麼完美。更進一步了解後，才知道慈濟人會利用早會的時間，彼此分享工作心得，透過平時的相互分享來感染其他人，讓團隊中的每一個人都能相互學習，並具有同樣的服務信念和態度。

因此我了解，必須透過分享與互相感染來形塑服務的文化，才能讓同仁都帶著歡心來為客戶、其他同事和主管服務。

加賀屋的多一小步

另一次令我印象深刻的體驗是日本的加賀屋之旅。可能很多人都聽過加賀屋旅館，連續三十四年（至二〇一四年）蟬聯日本第一觀光飯店寶座的傲人成績，讓它名聞遐邇，不但是日本天皇每年指定的泡湯之地，也是許多國外觀光客到能登半島旅遊都指名要入宿的溫泉旅館。

我太太與岳母去日本住了一次，回來後也讚不絕口，所以我跟兄弟姊妹去日本旅遊時，也特別安排住宿在加賀屋。下飛機後，我一直在心中勾勒這間有名的飯店，外觀一定非常豪華、占地非常遼闊、設備一定是最新式的，說不定還有優美的和式庭園造景……。

當我們到達，步下遊覽車時，一名女將早已率領著一群加賀屋員工，手上搖著青天白日滿地紅的小國旗，一字排開地在門口拉起了歡迎的布條。

等我穿過排列整齊、行九十度鞠躬禮的歡迎人群，見到加賀屋的廬山真面目時，剎那間掩不住失望，因為加賀屋不過是整條街上眾多觀光旅館之一，既不是最大的，也不是最豪華的，入住之後，發現它的內裝也不過是中上程度而已，實在跟想像中的「日本第一」有所差距。收拾起心情，告訴自己：「既然外觀不起眼，或許它傲人之處在溫泉吧！」因為加賀屋號稱是日本北陸三大名湯之一。

到了晚上，我想既然是北陸三大名湯之一，溫泉設備想必是一等一的吧！於是興匆匆地跟兄弟去泡溫泉，結果所謂的「名湯」，跟我曾經去過的一些北海道溫泉相比，真是天差地遠，並未有驚喜之處。

我不由得好奇：怎麼回事？加賀屋的硬體設備並沒有比別人好，究竟有什麼了不起的法寶，可以讓大家讚不絕口？入住第一晚，我懷抱著「到底加賀屋憑什麼是日本第一？」的疑惑入睡。

加賀屋好在哪裡？

第二天，加賀屋的魅力開始漸漸顯露出來。

當天旅行團中有位團員生日，加賀屋團隊不知從哪兒得到消息，由總經理親自準備了精美的禮物和生日蛋糕，前來幫這位團員慶生。這時，我開始感覺到：加賀屋之所以成功，可能在於他們「窩心」的服務吧！

到了要返回台灣的那一天，我覺得加賀屋的服務實在非常徹底，又是同樣的一位女將領著一群員工，在加賀屋門口列隊歡送我們，甚至還跟隨我們到機場。不但如此，他們還準備了各式各樣的飲料給正在候機的我們，對前來取用的人，也不確認是否是加賀屋的房客，只要有人來拿飲料，他們就向對方深深一鞠躬表示感謝。

加賀屋的送機人員一直送我們到了入關閘口，當時，我們所有團員都已經感到很窩心了，沒想到，加賀屋的服務還沒結束。當大家都已經登上飛機，突然有位團員指著航廈驚呼，大家順著他指的方向一看，加賀屋的人竟然還沒離去，一排站在航廈的落地窗前，對著我們的飛機熱誠地揮舞、搖晃著青天白日滿地紅的小國旗。這時，某些淚腺較發達的團員已經忍不住熱淚盈眶了，直至飛機起飛時，他們仍未歇手，直到我們消失在雲端。

這時，我才回想起：幾天前，當我們飛機降落在日本機場時，似乎也有一群人在同樣的位置對著我們揮手。我終於恍然大悟：原來，加賀屋的服務是從我們飛機落地那一刻就已經開始了。

回到台灣，我又更深入了解到，原來那位年約六十歲，親自歡迎、接機的女將是加賀屋的老闆娘，而與我們同架飛機總共有五團旅行團，竟然無一例外地都是入住加賀屋的賓客，難怪他們在機場分送飲料時，完全不需要分別來拿飲料的人是不是加賀屋的房客。

感動人心的那一步

事後回想，雖然加賀屋可能不是能登半島最大、最豪華的溫泉旅館，但它卻能成為能登半島旅遊的代名詞，微妙之處應該就在於他們的「服務」，在每一個環節上都比別人多做了一小步，比如說：

一、老闆娘親自領軍迎送客戶：老闆娘雖然已經年屆高齡，仍親自帶隊歡迎、接機、送機，視客戶為家人的用心溢於言表。

二、由總經理親自送上生日禮物與蛋糕：不同階層服務代表的意涵也不同，一般愈是高階主管代表，也表示該公司對這件事情的重視程度與誠意愈高。

三、貫徹一致的九十度鞠躬禮：迎賓時一列工作人員行九十度鞠躬禮；送機時只要有人來拿飲料，就向對方深深一鞠躬表示感謝。總在細微之處讓客戶感受到尊重和被呵護。

四、多一點用心：在機場準備了各式各樣的飲料給投宿後準備返家的客人。

五、做得非常徹底：排排站在航廈的落地窗前，對著起飛準備離去的客人，搖晃著國旗，熱誠揮舞直至飛機消失在雲端。

就是這五個看似沒什麼了不起的「關鍵一小步」，緊緊擄獲了我們這些客戶的心，讓加賀屋的服務印象深烙心中，再也揮不去，也藉此拉開了它和其他島上豪華觀光飯店的口碑差距。

於是我思索著，要落實優質服務就必須在每一個工作流程的環節上「多一小步」，這是加賀屋帶給我的深刻體會。

安法健診的不打折服務

一直為我定期健康檢查的安法健診，過去總是由A護士固定接待我，幫我做抽血等等檢驗，良好的態度和服務品質讓我非常滿意。有幾次，A護士休假，轉由B護士或C護士接待，服務品質也很好，一點都沒有打折扣，這點令我相當驚喜。

於是，我好奇地問她們：「您們是不是受過很多訓練？為什麼不同的護士對每位客戶的需求都知道的這麼詳細，可以維持一致的高品質服務？」護士說：「主要是因為主管要求得很嚴格，所以大家就會自發性地做好服務。」

我才知道，原來服務品質是可以被要求出來的，而落實執行力的主要關鍵在於主管的態度，如果主管本身都沒有意識到應該將服務或是客戶感受這件事視為最重要的工作，那麼即使公司有再多的好想法、好方案，都很容易流於形式、事倍而功半。

新加坡航空公司空服員的笑容

另一個讓我印象深刻的是新加坡航空公司（Singapore Airlines）空服員的笑容。長期以來一直是航空業標竿的新航，無論你什麼時候看到該公司的空服員，總是笑容滿面、愉快地提供服務。有一次，我忍不住問她們：「究竟是透過什麼樣的訓練，讓新航每一位空服員都如此笑容可掬？」

她們告訴我：「我們並沒有什麼特別的訓練，因為大家都帶著笑容，我不笑很奇怪，可能是環境的感染力吧！」

這次經驗再次讓我認識到潛移默化、感染、創造服務環境的重要性。

行動：多一小步讓八八%的同仁感動不忘

這些經驗給了我很深刻的啟示，我思索著：如果友尚也能在每一個工作流程的環節上做到「多一小步」的話，應該更能將友尚打造為A⁺企業，讓我們朝向名實相副的「世界第一的優質電子零組件通路商」大步邁進。

於是，二〇一〇年我們重新定位服務的內涵，將「多一小步的優質服務」訂為友尚的核心價值，結合了歡心、分享、要求、感染的體會，並發起全公司「多一小步服務」活動，由我親自主持、宣講二十一種「多一小步服務」的思維，並透過高階主管帶動各部門徹底檢視現有工作範疇中，如何加強落實與執行「多一小步的服務」，也因此訂定了數百則ＳＯＰ執行細則，讓「A⁺服務精神」更加具體化，也深化了其在不同層級、職務、對象之間的影響力。

就在這樣的氛圍下，企業內部似乎做到了日本被譽為「火焰演講家」鴨頭嘉人所謂「服務業是天使從事的行業」之境界。同事之間以樂於提供他人「多一小步」為樂，因此在同年度再次展開的「績優卓越六心服務同仁選拔」（「六心」為歡心、熱心、誠心、用心、恆心、貼心）活動時，被推薦的同仁超過了一千三百人，推薦比率幾乎達到全體同仁的八八％，推薦案例也多達一萬六千餘則具體事蹟，很多同仁都把平日受人點滴的感謝或是日常觀察的優質服務化為推薦選票，許多被推薦人也很訝異，自己小小的一個動作竟然可以讓同事感謝久久。

其實，很多時候人心並沒有那麼複雜，啟動「感動」的開關，有時可能只是小小一個動作，一個來自於用心、講究細節的「關鍵一小步」，就像加賀屋的高品質服務，是在作業流程中盡可能讓每個步驟都比別人多做一小步，呈現出高規格的作業標準；也像在友尚舉薦的「多一小步」服務分享一樣，很多人不知道「原來自己平日的一言一行，也可以讓同事備感溫暖到念念不忘」。

所以說，「多一小步」不單是企業服務加分的專利，如果可以轉個角度，運用並落實到個人的工作職場上，它不僅將是讓你具備好人緣、高人氣的最佳助力，讓大家都想和你合作，也將是讓你在職場上難以被取代的競爭力。

學習：讓多一小步的感動轉換為競爭力

有人說，好人緣不只是打造人氣的競爭力，更是事業上無往不利的推進器。這絕非感覺良好的問題而已，事實上，經過實證研究發現：一個人受歡迎的程度，與收入高低恰好形成正比。

根據芝加哥大學（The University of Chicago）經濟學家加布里埃拉．孔蒂（Gabriella Conti）等人所做的「受歡迎」（Popularity）研究顯示，朋友愈多，收入也愈高。研究發現，從最不受歡迎的二〇％（別人眼中的討厭鬼），提升到最受歡迎的二〇％（變成一個萬人迷），收入可大幅增加一〇％。亦即，每多成為一個人的好友，日後收入可增加二％。

可見人際關係也是一種「生產力」，攸關你日後的職涯實現與經濟成就。換言之，受人歡迎的重要性和日後深遠的影響力，遠遠超乎你的想像，而多一小步的思維，則將在其中扮演著舉足輕重的影響力。

如何把握工作上每一個可能的機會，應用多一小步思維來提高業務黏著度，也是我們可以在職場競爭中勝出的重要關鍵。

職場上，往往需要一些時間才能讓別人認識到我們的價值，但是透過多一小步的做法，卻會快速縮短這段時間和距離，讓與你接觸的所有人留下深刻印象和感動，因為在「多一小步」背後所代表的不只是你的態度和價值觀，也是觸發人們心靈感動的不二密碼。

第一章 「多一小步」的思維

「在別人想不到、容易忽略的地方，凸顯你的用心與對他的重視！」

大家只要深入「多一小步」的思維，並將其運用在工作和人際上，試著多用心想想：如何比別人多做「一小步」？只要多做了這「一小步」，就會讓你與眾不同，讓別人感受到你的用心！

比如說，同樣是祝賀花籃，你送的比其他人更醒目？還是其他人都由花店送，你卻親自送？又或者是，你送的花「恰巧」是主人的最愛？或是附上特別的賀詞……等，有時看起來不是什麼偉大的事，因為實在太微不足道，所以很多人忽略了，你想到並做到了，往往就是可以讓他人感受到服務熱力的「那一小步」，這麼高的投資效益比，何樂而不為？

每個人都應該制定多一小步的服務

至於怎麼樣才能掌握到這些細節或狀況，想起來好像有點兒天馬行空，難以著力。事實上，要落實多一小步的執行並不難，在日常生活或工作中，可以讓我們發揮多一小步創意做法的地方也多不勝舉。

從範圍上來看：你可以在每一個作業環節的小細節上用心，把事情做得徹底；你也可以在作業模式、機制或流程上多用點心，讓你的多一小步創造出雙贏、三贏，甚至多贏的營運模式。

從服務對象上來看：你可以針對客戶、供應商、股東，你也可以針對同仁、主管、部屬、親友……，無論對象是誰，你都可以用心對待，讓他們深刻感受到你的「貼心」之處，或是共享雙贏的喜悅，這樣就對了！

別說你不懂、你不會，因為多一小步真的不是什麼大學問，也不一定要有令人炫目的排場、昂貴的物質付出，你只要從目前的職務出發，針對你可能接觸到的對象用「心」去想，從真心、同理心的角度去為對方考量：「在這工作範圍內，我可以多做哪一小步，讓他們感到歡喜、方便？」比如說：

身為公司前台接待人員的你，遇到未事前約定的臨時會議時，要求自己在五分鐘內迅速將杯水備妥，既可在自己工作範疇內服務開會同仁或客戶，又不影響會議進行。

身為總務人員的你，樂意積極以同樣或更低的成本，幫同仁找到更好用的產品或服務。

身為倉儲人員的你，願意配合在下班後或假日期間，配合業務同仁或客戶提供額外特殊需求的進出貨配合。

身為財會人員的你，看到客戶有需求時，願意主動將銀行介紹給客戶，並將客戶信用狀況告訴銀行，適時協助客戶度過難關。

身為助理或行政人員的你，當有緊急簽核需求時，會主動提醒下一位主管續簽，或是從業務口中、電話或平日與對方互動、交談之中，甚至協助業務或主管送花、聚餐等工作執行中，都能時時注意往來客戶相關人員的特點、好惡、興趣等等與其個人或是與其家人有關的資訊，並提醒自己在特別的日子適時適切地表達心意，或是在業務、主管需要時，隨時提供他們完整有用的參考資訊，幫公司和其他同事創造服務客戶過程中的感動。

甚至當你看到等候中的訪客，主動點頭問好並為對方遞上雜誌或是茶水；上班時間已到，同事尚未出現也沒請假時，主動打電話關心是否身體不適，或是上班途中發生意外等等，從這個基準點上出發，不論你是業務、產品經理、資訊人員、財會人員，或是司機、總機、助理……等，都可以從各自的職務上隨時思考檢視，如何在你本身的工作上實踐，或是在作業相關的流程上提出建議方案，小到在工作細節上令人感受不同，大到改變整個營運模式，都是大家可以著力發揮的地方。

關鍵竅門就在於：時時刻刻都應該站在「如何延伸服務的角度」與「從他人立場」來思考。

二十一種成就多一小步的服務思維

以下就提供大家在上述原則下，可以從哪二十一種思維來發想如何實踐多一小步的方向。

小小創意，拉開競爭差距（別人沒做，你有做）

- **提供額外的溫馨服務：**比如說，某家湘菜餐廳用拍立得相機為當天聚餐的客人拍照留念，花費不高卻讓所有人都感到窩心與快樂，並留下深刻的印象。
- **讓「打包」成為一份伴手禮：**比如說，某家麻辣火鍋店當客人打包鍋底時，會加湯、加鴨血，儼然變成一份新的鍋底，讓客人心滿意足地帶回家，所以生意總是特別好。
- **免費試吃服務：**有些水果店常會提供客人試吃，甚至將水果殼處理好親自送到你手上請你試吃，或是再貴的水果也捨得、願意提供給客人試吃，乍看之下似乎會增加不少成本，但往往也因此刺激客人多購買了不在原先採購清單中的水果。

● **塑造回到家的創意服務：**比如說，某家只接受預約客人的飯店，入住後可以隨時享用新鮮水果、手工餅乾、各式飲料，不用再額外付費。一天提供五餐，早餐也不會有任何時間限制。客人釣的魚貨也隨時可依其喜好代為煎煮炒炸。讓客人就好像回到家一樣，沒有任何限制，因而提供客人高度滿足與舒適感。

● **以同樣成本找到最好來源：**有些飯店總是能在同樣預算下找到更好的食材，滿足饕客味蕾，或是提供物超所值的美食饗宴贏得客人口碑。同樣地，在我們工作中也有許多地方可以發揮這種精神，只要你願意在別人沒有做的地方，多發揮一點創意巧思，很多時候絕對都能以同樣的成本獲取比他人或原有更好的效益。甚至，不但能找到更好質量的來源，還可使原有成本再往下縮減，達到一石多鳥的加值效果。

別人也有做，但你比較早做

- **參加邀宴活動時，早一點到**：不僅可以先和主人寒暄，必要時也可以幫忙，讓主人對你的印象特別深刻，甚至還能有時間和更多原本不認識的人交流，拓展人脈，讓參加邀宴的效益加成。
- **提前送上你的祝福**：比如說，多數人會趕在生日當天傳簡訊祝福，若你可以提早一點（當天一大早或早一天），才會讓壽星留下深刻印象，比較不容易淹沒在眾多祝福簡訊中。萬一，你拖到晚上近生日尾聲才傳祝福給壽星，感受就更不好了。

別人也有做，但你做得比較徹底

- **徹底為晉升的部屬鋪路：**像是工作上需要調整或增添的相關設備、上任前的職訓與認知、對外人際關係的打點和轉換，甚至有些會議還需要幫他站台與開場，之後再交給他。凡此種種小至設備、大至人際關係，都應該在銜接過程中盡可能幫他事前打點好，才能讓他盡快完全上手，成為你的得力左右手。
- **宴會時勿提早離席：**既然已經撥空來參加邀宴，就將心定下來全程參與，不要想說宴席快結束了，就提早十分鐘離席，雖然才差了十分鐘，卻容易產生「為山九仞，功虧一簣」的遺憾。必要時還應該留下來幫忙主人處理善後工作。

● **送機送到最後一秒鐘：**「送機只送到機場門口」和「送機一直送到入關處」兩者在時間上可能只差十到二十分鐘，但是給對方的感受卻是八十分和一百分的落差，甚至更大。加賀屋則做得更徹底，由老闆娘帶隊在航廈落地窗前，對著起飛準備離去的客人，揮舞國旗直到飛機消失在視線中。

● **陪供應商夥伴布置辦公空間：**為因應業務需求，友尚常常需要提供辦公空間給並肩工作的供應商夥伴，除了辦公空間的規劃外，我還常叮嚀經辦的同仁，陪供應商夥伴一起去挑選他喜歡的辦公桌椅、家具，做得更徹底些，讓他感受到我們的關心和貼心。

別人也有做，但執行的層級不同

● **服務的階層不同，代表的意義也不同：**比如說，日本加賀屋的接機、送機工作都由老闆娘親自帶隊，為客人慶生祝賀的生日禮物與蛋糕則由總經理親自送上，因為執行層級的不同，讓客戶的感受深度也有所不同。**一般愈是高階主管親自出面執行，愈代表該公司對這件事情或這位客戶的重視與誠意。**

- **誰代表參加部屬的婚喪喜慶：**事業單位主管如果能在部屬面對人生大事時，親自去祝賀或安慰，就算只露個臉不說話，同仁及其親朋也會深受感動，若是你沒能出席，就算有指派其他主管代表，同仁心中的滋味也必然大不相同。

- **面試求職者的層級不同，效益也不同：**基層主管的視野難免比較窄，多選用有直接經驗的應徵者，或是可以帶進現成生意的人；但**高階主管則較著重於求職者本身是否具備應徵職務所需要的本質**，反而較不看重是否有實際直接的經驗，故而當人資部門做過初步篩選後，若能由上往下由高階主管來進行求職者面談的話，除了會讓應徵者備感尊重之外，也才能真正找到深具潛力的人才，甚至在未來組織調整與人力調度上，都會讓主管更為得心應手。

別人眼中的麻煩，但你樂意做

- **親自送樣品：**許多業務不願意花精神去送樣品，覺得業績效益不高，相對地，如果你能夠先仔細評估其背景之後，再針對某些客戶提供親自送樣品的服務，或許就能讓這些客戶對你印象良好，願意轉介相關人脈與業務機會，延伸你的市場觸角。
- **提供廁所：**許多人都知道，上廁所是在歐洲旅遊的一大夢魘，但是，卻有少數位居旅遊區的商店願意主動提供遊客這項服務，雖然增加清理的麻煩，卻也因此增加了商品曝光、行銷的機會，遊客在感激之餘大都也樂於參觀選購。

● **提供休憩座椅：**多數店家都不願提供與銷售無關的服務，休憩座椅就是其中一項，但實際上，有提供休憩座椅的店家，總會讓顧客願意延長停留與瀏覽商品的時間，特別是對有先生、男朋友陪伴的族群，更能讓她們放心、舒適地慢慢選購。

即時（第一時間）做

很多時候，如果沒掌握住第一時間表達就會失去意義。

● **勇於認錯、坦白以對：**工作中若是因為疏失而產生問題時，只要錯在己方，你最好的做法就是勇於認錯，並在第一時間向對方道歉、坦白以對，讓對方感受到你負責任的態度。若是你只想逃避或急著辯白將責任往外推卸的話，不但無法解決問題，還可能會引起對方更大的反感，讓問題變得更棘手。

例一：以坦白積極的態度扭轉客人的用餐經驗

我們一行人到宜興遊覽，參觀梁山伯與祝英台的景點後，來到預定的餐廳時，已過了下午兩點，餐廳午休了，只好在附近找了一家看起來還可以的小飯館。

老闆娘熱情地出來招呼我們，點了一些菜後，我們想吃剁椒魚頭，老闆娘卻說：

「啊！魚頭沒有了！」

「那就來一個雞吧！」

老闆娘笑著說：「雞也沒有了！不過，有一隻我們自己正準備要吃的雞，就端出來給你們吃，好不好？」真是要什麼沒什麼，不過這個時間，還真找不到其他飯館了，於是就請她端出來。老闆娘很快地將飯、雞和其他菜色都端上了桌。

結果米飯沒煮透，當我們皺著眉向老闆娘反映時。她趕緊說：「沒關係，我拿去再弄一下！」那隻雞也沒燉爛，真的「很難吃」！老闆娘一看到我們的表情，立刻招呼著說：「沒關係，這是老母雞，我再拿進去弄一弄！」

等老闆娘再次將食物端出來時，我們忍不住問她：「這到底是誰煮的？」老闆娘說：「這是二廚弄的。」

「二廚？那大廚呢？」

「大廚回去睡覺了！」

「二廚是誰？」

「二廚是我先生。」

「啊……」整個過程讓我們覺得很好玩，忍不住笑了出來，老闆娘的服務態度非常坦白，毫不隱瞞、辯白。那餐飯一直吃到下午四點多，想加道菜，和老闆娘打個商量說：「妳可不可以再去弄一道什麼菜？」

老闆娘總是熱情、立即地說：「好！我馬上去拔，菜園子有。」或是「你們還要吃雞!?沒問題，我馬上去買。」店裡有的酒也盡情拿出來招呼，她的態度就是讓你沒辦法生氣。出乎意外地，這一餐飯讓我們吃得非常愉快，整個過程都被她的態度和熱情所感動。

這真是一次奇妙的互動感受。雖然，她的東西真的不好吃，又要什麼沒什麼，但是老闆娘坦白、完全沒有想要欺騙、唬弄我們的誠懇態度，卻讓我們完全生不起氣來。如果，當時我們皺眉說不好吃時，她是用辯白的態度說：「怎麼可能！這應該是……。」或許整個過程與感受都會迥然不同。

同樣地，當你在工作上不小心發生失誤時，你是否可以很快速地掌握狀況，在第一時間先承認自己的錯誤，說聲對不起，然後以「坦白」的態度勇於面對問題，讓對方感受到你的誠意以及看到你積極為他處理問題的過程，用行動感動對方！還是急著先辯解，只想將責任往外推卸？如果你是用辯白的態度面對問題，對方往往很難感受到你的誠意，當然也就很難受到感動，與你站在同一戰線上看待問題、處理問題。

其實，在工作中，態度的好壞不但關乎服務品質，也會影響到生意好壞，尤其是發生問題時，你用什麼樣的態度面對和因應，不但會左右你眼前問題的處理與現在的績效，甚至還會影響到你未來職涯的發展。

很難令人生氣的三小步

一、坦白說明現況，不隱瞞、不強辯。

二、積極滿足客戶需求。

三、面對抱怨，態度親切並積極尋求改善、補強。

● **積極行動表誠意：**除了致歉、坦誠告知外，面對問題時還應該積極地採取補救措施或提出因應方案，透過一連串的行動讓對方可以充分感受到你解決問題的誠意，絕對不要有所遲疑，直到問題圓滿解決後，再寄一封信函感謝對方的體諒與協助，往往可收到良好的效果。

● **第一時間送花致哀：**一般公司都在公祭時才送花致意，我因為之前家族中長輩過世的感受，於是略作調整，目前的做法是：當同仁家中有喪事，靈堂一設好，公司的花就會馬上送到，同時主管也要在第一時間前往致哀，不但能讓同仁感到慰藉，更可讓現場親友對同仁及其服務的公司都印象深刻。

記得剛開始實施不久，某位同仁家中遭逢喪事，公司的花在他們靈堂一設好後就立刻送到，結果該同仁的親友都非常驚訝：「怎麼會有公司這麼貼心？」紛紛向這位同仁求證：「這真的是你們公司送的嗎？是不是你自掏腰包幫公司做面子？」這件事不但讓這位同仁很感謝，也讓其家族對友尚這家「好公司」印象深刻，對他的工作給予高度支持。

多做一點點

● **面試後立刻給應試者一封電子郵件：**對於初試時印象不錯、可能來複試的求職者，都應該在會後立刻給應試者一封郵件，表達對人才的重視和尊重。

- **整編完整資訊方便負責經辦的窗口作業：**將心比心，讓對方可以方便、快速地助我們一臂之力。比如說，當我們想透過客戶、供應商的對應窗口，幫我們傳達需求給其高階主管或是下一個窗口時，應該設法提供讓對方可以立即轉送或呈報的文件，讓對應窗口不需要再加工、調整。又或者是當我們要提出建議方案、解決方案給對方時，除了要提供一個以上的選擇方案、市場分析之外，還應該要針對所提供的方案進一步比較分析、說明，最後再附上你的建議和想法，整理成完整的企劃案，讓對方更方便進行後續作業。對方若是跨國企業，也應該盡量考慮到語言的條件，將提供的資訊翻譯成該國語言。

例二：小兵立大功的韓文翻譯

我們一直想將A客戶推介給韓國的S供應商，但是A客戶一向低調，知名度不高，未能引起S供應商太多的注意，所以一直沒有進展。某天，我翻閱最新一期的《商業周刊》，看到A客戶因為在大陸市場上出色的表現而獲得專文採訪報導。報導中除了介紹A客戶業績成長概況、組織與股東結構、產品等優勢外，也對A客戶老闆的為人理念有很好的評價，認為A客戶是一支未來發展潛力看好的績優股。

我認為這應該會對推介A客戶成為S供應商潛力客戶一事有所助益，於是我們將這篇報導先翻譯成韓文後再提供給S供應商，並隨後打電話給S供應商，爭取其高階主管與A公司會面的安排，同時也打電話告訴A客戶，除了恭賀他被《商業周刊》報導之外，並告知已將該篇報導翻成韓文提供給S總公司，還親自用電話幫他再次爭取和S總公司高階主管會面的訴求。

為什麼我會建議翻成韓文，多做這一小步？

除了要讓S供應商的窗口感覺很親切、容易閱讀之外，同時也希望讓他可以很方便將這篇翻成韓文的報導，當作爭取與A公司會面的訴求文件，直接提供給總公司的高階主管們，避免因為文字閱讀障礙造成處理困擾，增加被擱置的風險。

果真，幾天後S供應商在台灣負責經辦的窗口傳來訊息，表示總公司高階主管已將A客戶的事排入最速件，正在確認可行的會面時間。這「多做的一小步」（將報導翻譯成韓文）奏效了，發揮了臨門一腳的效益。

這投資效益比真的很高。我們請具有這方面專才的同仁翻譯，雖然多花費兩、三小時的工夫，但是卻可以帶給對方許多方便，也可以將之前一直約不下來的問題解決，並同時讓S供應商和A客戶深刻體會到我們與其他競爭對手的差異性，這就是多一小步帶來的關鍵競爭力。

不同的對象，感動的地方也不盡相同，所以你應該隨時站在對方的立場考慮，你所提供「多一小步的優質服務」是否可以讓他更方便、對其工作是否更有幫助？如果我們可以做到這一點，盡可能將事前想到的障礙予以避免，增加事情的順暢度，那麼，只要是有你在的地方，往往就會呈現出高績效，讓你和團隊、夥伴在職場上無往不利。

成功改變S供應商行為的一小步

將報導翻譯成韓文，排除文字閱讀障礙，並因而讓這篇報導變成「直接、有效呈給總公司的佐證文件」。

● **提供應徵者停車位：**提供停車位給面試時有需要的求職者，避免讓他們在不熟悉環境的狀況下，更加緊張、費時，也是我們對人才的體貼用心。

● **陪報到新人走到停車位：**為了盡可能提供停車位給員工，友尚除了公司大樓外，還在附近租用了許多停車位提供給新進同仁。公司總務目前除了告訴新進同仁停車位置外，還會貼心地帶他們實地走一趟，除了讓新人知道停車位置外，也沿路介紹公司附近的環境，因此，這個小小的走路行動，讓許多新人感受深刻而窩心。

多一點用心

● **送禮送到心坎裡：**同樣都是送禮，有些禮物特別讓人感動，主要原因在於它不只是一份禮物而已，而是具有稀少性（例如六十年老欉的柚子等）、故事性（例如澎湖的文石等）或是特別去尋找對送禮對象具有意義的禮物（比如生肖、星座、嗜好等），甚至，卡片內深具意涵的文辭也可能令對方珍藏許久，彌足珍貴，所以重點不在於昂貴與否，而在於你的那份「用心」。

例三：讓對方珍惜一輩子的禮物

美隆電器創辦人吳其熊董事長，曾應邀到日本磁鐵合作夥伴位於東京的家中作客，他為了回應主人的盛情，特別多用了一點心思，精挑細選地帶了一隻玳瑁標本作為「伴手禮」，由於體積有點龐大，遠從台灣坐飛機到日本的路上，引來許多側目的眼光，連開門迎接他的主人也驚奇不已。

吳董事長特別向主人解釋：「這標本是海龜的一種，中國人認為它是一種吉祥物，具有『好彩頭』的意涵，可以為主人帶來好運。」這位日本夥伴很高興地表示，這是他收過最特別的禮物，他要把它擺在家中最重要的地方。

數年後，當吳董事長再度造訪時，吳董事長說：「我一進客廳大門，就看見那隻『吉祥玳瑁』被高掛在客廳最顯眼的位置。」他強調，用心就是要在細微處著手，才能讓對方感到貼心、動心，這份誠懇的心意絕不是一次的公關，或是昂貴的禮物所能比擬的。

其後在一九七八、一九七九年期間，當台灣多數廠商都面臨關鍵性零組件缺貨，產品面臨無法出貨的危機之際，吳董事長卻因為那位日本合作夥伴的鼎力相助，貨源不虞匱乏，甚至還可釋出給台灣其他同業。這就是「用心」累積出來的人際和商務堅實的網路關係。

做生意也用心交朋友的一小步

「多一小步優質服務」不一定需要什麼大學問，也不一定需要在多麼偉大的事業裡才能發揮，只要能夠在自己的工作範疇與職務上「用心」，就不難在關鍵處發揮創意，讓小小的想法產出大大的價值，或讓他人銘感在心、久久不忘。

● **萬綠叢中一點紅：**每年中秋幾乎所有廠商都會送月餅給主要客戶／供應商，就算月餅價格有高低之差，但在一堆同質性的禮品之中，再貴也彰顯不出那份價值。香港有位業務特別多用了點心，稍加調查之後，當年中秋節送給客戶的禮物不再是人人都認為理所當然的月餅，而是一籃水果和一瓶紅酒。

正因為有別於其他廠商的月餅，香港業務驚喜地說：「禮物一送出去，立刻接到不少客戶向他道謝，剎那間，彼此交情也有所不同，似乎往前大跨一步。」

● **獎勵員工六心服務**：友尚非常重視六心選拔，對選出的同仁除了希望頒給他一份值得榮耀的獎牌外，還希望這獎牌能夠特別一點，而不只是在琉璃上刻個字就好，所以每年都會特別去尋覓訂製，像線雕、漆器等。這次到日本開會，竟看到某位數年前得獎的同仁，特別將當時得獎的獎座擺在辦公室案頭上，我好奇地問他，他說：「我很喜歡這個獎座，它也一直跟著我。」

做之前多照會、多徵詢：尊重並照顧到所有相關人的意見和感受

● **人事升遷布達前的告知與安撫**：當升遷名單大致底定、人事命令尚未布達前，主管應該要多做兩件事：（一）讓新晉升的部屬知道是因為你的推薦，

才讓他可能獲得升遷機會，讓他與你更同心；（二）讓其他未被晉升的團隊成員也了解可能的調整、你的考量方向，以及晉升者的優點，並安撫可能不平衡的情緒。

● **薪資調整前的照會：**當薪資調整討論大致確定，尚未發放前，主管應該針對調薪幅度高於平均值的同仁，特別告知嘉勉，讓他知道你的期待，清楚未來努力的目標。另外，對於調薪幅度低於平均值的同仁，也應該特別告知說明，讓他清楚應該改進的方向。

● **執行前徵詢相關部門主管意見：**比如說，當組織變動，部門座位需要重新安排時，若能在事前先徵詢過該部門主管對座位安排的意見，不但會讓後續的作業更順暢，也更能兼顧部門主管業務功能上的需求，讓整體的規劃考量更周延。

例四：工作職場上，只要跟「人」有關的都是大事

每當公司進行空間分配或座位調整時，相關資料都會呈送到我這兒。

某天，總務問我：「曾先生，為什麼這麼細瑣的事情也要你管？」聽他這麼一問，我鄭重地告訴他：「其實事情的輕重與否，有時很難分辨，基本上，只要是跟人有關的事，就是『大事』，因為這是『感受』的問題。」

比如說，這個樓層空間比較多，就安排一個辦公間給處長，另個樓層空間有限，即使是協理也沒有個人辦公室，雖然，這樣的安排最初只是因為空間的關係，經辦人員或主管並未想太多，但是這種現象看在多數同仁眼中，卻很可能有許多不同的解讀，難免會影響到許多人的觀感，令其心中升起不舒服的感受。

又或者是，在安排座位時，許多人可能也不會考慮太多，有空位就讓同仁先

坐，甚至連原先規劃為主管的空間，也先讓同仁坐，經辦人員或主管可能想說：「等到有新主管就任時，再重新調整座位就好了。」這看似理所當然的邏輯，卻不一定會是理所當然的結果，屆時等到新主管上任，想請這位同仁再回到他應有座位時，可能他的感受也會很不好。這些看似理所當然的小事，往往因為思慮上、處置上少了一小步，未來就很有可能變成難以收拾的大事。所以說，跟人有關的就是大事，即使是很小的細節！

同樣地，當我們購併其他公司，辦公室需要搬遷時，我都會特別叮嚀管理部同仁，千萬不能只透過雙方總務人員進行協調，一定要請高階主管親自去拜訪被購併公司的總經理，徵詢他的意見，這看起來似乎也是很枝節的事情，但是不同的方式和態度給對方的感受也會截然不同，多做一小步就會讓對方「感覺」備受尊重。

有時，這已非單純座位或空間安排的問題。若能透過被購併公司總經理與原有團隊溝通，對後續雙方磨合的作業與整體戰鬥力也會有所幫助，因為這都跟人的感受有關。事實上，某些金額上億元的訂單也不需要經過我，但是有關座位調整的文件卻必須送到我這兒，所以你說，在工作上，究竟哪些該算大事？哪些該算小事？

我的原則是：只要跟人的「感受」有關的事，就算再細微的事都很重要，都是大事，特別需要落實多一小步。

只要跟人有關的事都應該被放在心上優先考量

許多看似不甚起眼的小細節，卻常常最容易牽動客戶或是公司同仁對你的感受和印象分數，而這些逐漸累積起來的感受和印象分數，也會逐漸讓「細節」發揮它的影響力和殺傷力，這就是「多一小步的優質服務」和「一般服務」或是「優質服務」之間最大的差別。

● **執行前多徵詢意見：**不論辦活動、設計紀念品或提議新方案，如果在事前能多徵詢有關人員的意見，常能讓事情推動得更順暢、更符合大家期待。

例五：為何很少看見女同事穿公司運動衫？

三十週年慶前夕，許多同仁為了三十週年紀念衫的設計煞費苦心，我看大家每次為了公司紀念衫或運動衫的設計都很用心，但卻有一件事一直讓我不解：「為什麼每次設計出來的衣服都只見男同事穿，女同事卻很少穿？」

於是，利用這次機會，我特別詢問一些女同事，想了解原因：

「公司運動衫的尺寸都以男性身高為標準，女生穿起來不合身。」

「沒有腰身，穿起來很難看。」

「側身收邊設計的顏色不對，常讓我們的身材看起來更肥胖。」

「衣服顏色總以男生為主要考量，沒考慮到女生需求。」

沒想到，公司紀念衫這麼一件衣服，竟會有這麼多細節讓女同事感到不滿意，以至於直接反應在行為上就是「不喜歡穿！」

這些都是過去未曾注意到的部分，為了調整這差異，這次我們以抱著辦喜事的心情，特別用心針對上述問題和廠商進行溝通討論，一次又一次的協調，就是希望能透過多一小步的細微考慮與用心，讓我們「客戶（內部同仁）」的滿意度可以提高，特別是「讓更多女同事樂於穿出來」的企圖心，是我們這次設計的最大動力。

最後，除了特別針對女同事提供一款有腰身、短版的紀念衫之外，我們還提供了多種顏色，甚至童裝版供同仁選擇，希望同仁全家大小都樂於穿出來。

這是一件小事，卻讓我有很深刻的體會：任何一件事情做下來，都應該在每一個環節上，先一步站在對方的立場來幫他考量：「還可以多做些什麼讓他更快樂、更方便、更樂於接受？」切記：服務最怕的就是不能全心全意，半吊子的做法，既花時間又達不到效果，若能領略這一點，才是真的掌握到多一小步的個中三昧。

讓男、女同仁都喜歡穿公司運動衫的四小步

一、訪查，找出對方真正在乎的地方。
二、提供有腰身、短版的設計款式。
三、提供多種顏色選擇。
四、提供童裝，讓同仁樂於將公司運動衫當作全家福裝。

給人方便

● **一站式服務：**許多行政作業流程應該以「一站式服務」來思考，比如說，會計部建立「零用金」制，讓同仁有小額代墊款時，可以立即支付，後續再由會計同仁（熟悉作業流程者）代為處理相關的請款流程，避免許多行政效率因為跑流程的不熟悉而卡住，也讓同仁為公司做事時，感受更好。

例六：每個職位除了「把關」，還應「協助通關」和「流程修訂建議」

很多公司都會訂有急件處理流程，友尚也不例外，因為整個成本考量，過去從香港到上海的供貨是每週一次（現在已改為每週二次），但在緊急情況下也提供通融方案，只要業務提出申請，經業務部門主管同意，就可請營運管理部緊急出貨。

但是，我卻經常看到某些營運管理部同仁，為了扮演好自己把關的角色，即使業務已經依緊急作業流程的規定完成申請作業，仍會從嚴審核，有時還會對正急著要求出貨的業務表示：「這筆訂單應該不至於這麼急，下禮拜再出貨可以吧？」為此，著急的業務和營運管理部同仁陷入爭論的狀況，時有所見，有時爭論到最後，某些營運管理部同仁還會直接對業務說：「你自己去和我主管講吧！他同意我就放行。」

類似的情境，我想在工作上可能很多人都曾碰過，特別是業務單位和行政管理單位之間，諸如此類的情況更是常常上演，乍聽之下，營運管理部同仁的做法好像很替部門、公司著想，但深入想想，上述營運管理部同仁請業務自己和上層主管溝通的做法，其實已經犯了三項嚴重的錯誤：

一、把關者碰到問題就駁回，並把該負的責任拋給上層主管，是讓自己退化成只具有橡皮圖章功能的做法。

二、把關者將問題推給不熟悉你職務的同事，讓他直接找你的主管溝通，在其他同事對相關作業或資訊都不清楚的狀況下，反而會讓問題更複雜或延宕，不僅浪費許多人的時間，還有可能因此發生掉單的情形。

三、程序本來就屬於把關者的職責範圍，因此哪一項是公司最在意的關鍵點，把關者會最清楚，所以應該是把關者綜合考量後，完整而直接地向你的主管報告，這樣才是處理事情最快速的做法，否則就是背離協助通關者的責任。

換句話說，不論哪一個職位，只要是必須簽核的關卡都有可能發生同樣的問題，所以在自己的職責範圍內，每個人都負有部分把關者的職責，但是，一旦有特殊情況或緊急作業需求等例外情形發生，你應該要發揮多一小步的精神，發揮自己的專業，整合問題的始末和考量後，直接向上層主管報告、請示，讓事情得以快速解決，別讓已經急得像熱鍋上螞蟻的同事，更不知所措。

如果可以的話，你還應該同時再更多做「一小步」，擔起流程修改建議者的角色，一旦發現需要簽核的單據過多，或是例外的申請過多且一再重複時，就必須敏銳地察覺到：是否作業有不符合現狀的地方？還是流程設定過嚴？否則怎會一直卡關，讓異常處理變得如此頻繁？深入檢討例外、卡關狀況頻繁發生的根本原因，並做出建議方案向上反映，以修訂不合時宜的行政作業和流程。

工作職場上，如果你懂得這樣做的話，我相信很難不讓主管注意到你的專業和高度團隊合作的精神，不僅主動細心地替他人著想，還能著眼整個公司的團隊績效，不是只有部門之見，而這正是每位老闆心目中最想要一起合作的員工。就像日本武藏野公司執行長小山昇，在其著作《最強的公司由你打造》中所指出的：「我要的是能夠抱持『希望與大夥一起做事』的心態，能與團隊共事的員工。」這也是所有主管和老闆的心聲。

三小步成為老闆眼中最想要共事的員工

一、不會直接將問題丟給主管或其他同仁，讓自己只扮演橡皮圖章的把關角色。

二、除了嚴格審核把關外，當其他部門同事提出的需求有所不妥時，也會積極發揮自己職權上的專業建議，協助通關者快速尋求問題的解答。

三、在工作崗位上，可以敏銳地發現，並深入分析、探討頻頻例外或作業卡關的不合理狀況，主動提出建議案向上反映，讓公司維持高績效作業和流程。

- **代墊廠商忘了帶發票的小額請款：**廠商小額請款又忘了帶發票，若是該筆款項金額不大、風險也不大、個人還負擔得起，並且相信得了對方的話，何妨給對方方便，自己先代為墊付，避免因為作業規定，讓他為這筆小錢還要再跑一趟。
- **不扣尾款：**扣廠商尾款的做法，乍看之下好像是為公司把關，但實際上省下來的尾款並不多，卻讓配合廠商產生開折讓單的不方便，甚至無形中影響到其服務意願和品質，整體來看，未必是對自己工作或公司最好的做法。

● **單一窗口：**多數銀行或公務機關，為了方便民眾作業都設有單一窗口，讓民眾的問題可以得到正確的途徑處理，不再會因為不了解機構繁複的業務分工造成不得其門而入。同樣地，為了因應專案或大型客戶的需求，我們也會設立統籌的單一窗口，以提高專案效率，並避免灰色地帶的問題被擱置。

重視電話禮儀與應對態度

● **良好電話禮儀即優質服務品質：**許多人對企業的第一印象往往是從電話互動開始，良好的電話禮儀會讓人認為這是具有優質服務品質的企業，反之，則會讓人在心中對這家企業的服務和專業畫上大問號。如果，總機還能進一步與客戶資料庫鏈結的話，因為對客戶資訊更加了解，就可提供更精緻而親切的服務。

● **見微知著的接待應對態度：**除了電話禮儀之外，客戶來訪時的接待應對則可說是企業服務品質的現場驗收單。所謂「見微知著」，接待人員或周遭同仁的應對態度、行為舉止往往會被訪客放大檢視，將之視為這家企業的服務素質，所以說，這不只是總機或是助理的工作，而是所有同仁都必須自我要求與重視的功課。

● **親切的問候：**在工作或生活周遭，你如果連主動向他人親切問候都無法做到的話，往往也反映出你對許多事情可能都缺乏熱情，遇到問題也可能會缺乏主動協調各方資源、解決問題的能力。所以，別小看一句親切的問候，在你主動開口Say Hello的同時，也反映出你對人的熱情和關懷，這就是多一小步服務的開始，慢慢地，這習慣也會影響到你為人處事的思維和態度。

舉手之勞，給人貼心

- **代填資料服務：**許多飯店或旅館都會代客戶填寫資料。旅行社代你處理機票或旅遊等事宜時，也都會事前幫你將通關的資料都準備妥當，讓旅客不需再處理繁複而不熟悉的手續。
- **提供好用的小工具：**在郵局、銀行櫃檯大都會準備老花眼鏡等工具，讓年長的客戶方便使用。
- **貼心小雨傘：**我們公司在一樓接待中心設置有貼心小雨傘，提供訪客不時之需。原先以為這些貼心小雨傘會愈用愈少，事實上，不但借傘不還的機率非常低，訪客還常常會因此特別抽空送還，並帶上兩杯飲料表達感謝之意，在關鍵時刻的多一小步貼心，效果出奇地好。

多一份關心

- **晚宴小酌後的安全：**與客戶／供應商吃飯，若席間有喝酒，在盡興之後，為了安全考量，你應該盡可能送他回家或幫他安排計程車，若他堅持不肯要自己開車的話，你也應該大略估算他可能抵家的時間，再撥一通電話確認他已經平安到家，多一點點關心就能讓事情更圓滿。
- **察言觀色：**當你發現對方神情不對，或是行為舉止與過去不同，比較憂鬱、悶悶不樂，應該試著多一份關心，協助他排解困難，或是適時提供建議。其實，這時候只是多用點心，多花點時間陪他度過，都能讓他感受到你的情義。

多一點好雞婆（熱心）情懷

- **主動招呼客人：**看到等候中的客戶，除了點頭問好外，也可主動為對方遞上雜誌，讓他感受到親切的氛圍，不會無聊。在電梯間遇到來訪的客人，除了幫他按電梯樓層外，也應點頭問好。

- **真誠幫忙，助人助己：**不要埋頭苦幹只顧自己份內的工作，多主動關心別人與公司大小事務，多做建議。遇有別人請求你幫忙時，如果做得到，在不影響到公司利益和你本身的工作時，就不要管它是否是屬於工作職責範圍內的事，不妨多給予幫忙，同樣地，哪天當你有需求時，也很容易找到援手。

例七：多做一小步，客戶的生意整碗端給我

一般業務經營客戶可能較偏重主管、採購，因為他們握有業務主導權，業務A君則除了主管、採購之外，和客戶的開發工程師們更是「麻吉」（源自英文match的台灣用語，用來形容非常親近、有默契的朋友關係），在A君心中從未將這些開發工程師們只看作是「我的客戶」。因此，除了工作以外，A君也很樂意協助這群開發工程師在生活上碰到的大小問題，和他們共同分享自己的經驗和看法。

有一次，客戶Y的開發工程師正為了另一家代理商D的態度很苦惱，因開發新產品所需而要求代理商D送的樣品，一直沒送到，產品出現品質異常的狀況，代理商D的人員也沒能即時處理。

雖然這非關A君的事，但是A君知道後，卻主動表示願意協助處理，經由A君

居中協調、跑腿，讓Y客戶的開發工程師不再苦惱，因為事情終於可以繼續往下一步推進，不再延宕。A君告訴他的主管說：「雖然這客戶有兩個代理商供貨，但他也是我在服務的，不管他出了任何問題，我本來就應該盡可能去幫他解決嘛！」

結果，代理商D捅出的婁子闖的禍，因為A君主動積極地去處理，再加上他原本就和客戶Y的開發工程師關係很好，這份長期用心培養的默契，讓他可以深入問題關鍵，很快就將問題處理掉了，但也因為這件事情，讓原廠和客戶都很肯定，讚賞A君主動積極的態度和高超的解決問題能力，於是，供應商X在Y客戶的堅持下，就把這條產品線另外五〇%的業務量從代理商D的手中收回，全部轉由A君負責。

A君喜出望外，他沒想到當初只是懷著想幫客戶的心，事後反而因為這「多一小步」的思維，讓自己意外得到客戶另外五〇%的生意。

增強業務黏著度的三小步

一、經營客戶關係比別人更徹底：包含合作夥伴的主管、採購、開發工程師。

二、客戶服務多做一點點：許多業務不願意花精神去做業績效益不高的工作，然而，許多看似不起眼的小動作背後，若能多「用心」去準備、執行，對方的感受就會有層次上的不同。許多「多一小步」的小動作串聯在一起，就是「專業」的表現，也是讓人家覺得你重視他的「最高誠意」表現。

三、真誠幫忙，助人助己：只要有一塊錢的生意往來就是客戶，客戶有困擾，在自己可以做到的狀況下便應盡力協助，許多小生意就是這樣慢慢做成大生意的。

● **擴展領域，建立人脈：**當你在談現有生意時，若遇到客戶可能會用到其他部門的產品，不妨主動介紹客戶給相關人員，或代他跑一趟，既幫公司多增加了業績，也幫了客戶，更在無形中為自己奠定了未來發展的基石。

適當授權

● **讓第一線人員也有權限「空間」：**大多數人對王品的服務都有口皆碑，讚賞有佳，只要其服務品質與客戶期待有所不符，比如說牛排太熟等等，第一線人員就會立刻為你換上新的一份。如何讓第一線人員也可以當職務上的CEO，對客訴抱怨可以在第一時間做危機處理，在一定範圍內不再等待請示，而可以立即安撫客人的情緒和感受，也是落實服務品質很關鍵的一環。

● **勇於擔當的肩膀：**當臨時狀況發生時，無論你的職務高低，都應該在自己能力可以承擔的範圍內勇於擔當，隨機應變，以最快的速度、最好的權宜做法，先處理眼前的突發事件，再伺機向主管報告請示。等事情告一段落後，若有需要從制度面調整以因應未來需求，也應勇於提出建言與建議方案，讓事情不二犯。

記住不忘

● **記住日期：**不論是有意或無意中獲知對方的生日、公司週年慶，甚至結婚紀念日、對方老婆／老公的生日等等對他有特殊意義的日期時，若能記住不忘，在第二年同一時間也能送上祝福或貼心禮物的話，一定能感動對方，讓他銘記於心。

● **記住對方的特質：**如果你可以記住對方的聲音特質，當接到電話的瞬間就能聽聲辨人，常會讓對方感到特別貼心，立刻拉近雙方的距離。同樣的，有機會注意並記住對方的嗜好、專長、喜歡吃的菜等等屬於個人特殊喜好事物，一旦遇到適當場合、適時為對方考量，也能收異曲同工之妙。

例八：善用工具記住對方特質

透過A君的推薦安排，日本X公司高階主管特別來台拜會我方，了解狀況。正式會議前一晚，P副總應A君之邀參與晚宴，與X公司一行人有了初步的接觸和認識。席間，P副總還是維持一貫的作風，拿出隨身攜帶的照相機幫大家拍照，也將閒談之間X公司每個人表現出來的興趣、喜好與專長特別放在心上。

第二天，X公司一行人準時到我方拜會，看到每一入口處均已事前擺設精美的歡迎立牌時，X公司的主管愉快地拿出相機一一拍照。當大家坐定位之後，P副總打開他以心智圖軟體製作的簡報，一開頭的歡迎頁又讓X公司一行人驚訝不已，因為簡報頁面上不僅正確秀出每位來訪者的照片和名稱，更透過P副總前一晚聚餐時的敏銳觀察，給每位來訪者簡潔適當的形容，比如睿智的○○先生、技術專精的△△先生等等，並將所有字句都翻譯成日文，頓時讓X公司一行人不由得露出愉快的表情。

歡迎頁之後，P副總又秀出了一張照片，讓在座X公司的高階主管非常感動，因為照片中的人正是他很欣賞的一位台灣高爾夫球選手，P副總並當場邀約他下次再到台灣來時可以提前告知，將安排他和偶像一起打球。之後才開始切入主題，介紹我們公司的背景以及文化、教育訓練等軟實力，以及對X公司可能產生的價值等。

會議結束時，我方特別送給X公司一份獨有的獎牌當禮品，因為前一天我已經提醒P副總先拆開包裝、組裝好，所以當獎牌一捧出來，映入客戶眼中的驚喜，與一般連包裝盒一起送，或是臨到現場才看到主人手忙腳亂拆禮品包裝的感受截然不同，霎時就可以看到禮品上獨具巧思的圖案和「龍飛九天，合作無間」的提字。

第一眼的驚喜之後，我再為他們解說獎牌上「龍飛九天，合作無間」八個字的意涵，不僅讓雙方的會面非常愉快，也透過獎牌上的字義，一語雙關地表達了合作的誠意。事後，A君告訴P副總說：「X公司高階主管會後只跟他說一句話：『你沒有選錯合作對象！』」

一次就建立合作契機的六小步

一、秀出每位來訪者的照片和名稱：在手機照相功能還未如此普及之前，P副總就會隨身攜帶相機，透過幫大家拍照的機會，記住不忘，又可適時應用讓對方驚喜！

二、翻譯成日文：P副總其實不懂日文，是在前一晚聚餐後，擬好稿後請朋友翻譯。

三、給每個人一句簡潔適當的形容詞：用心觀察，記住每個人的興趣、喜好與專長，在乎對方一舉一動，也讓人備感重視。

四、找出對方心目中偶像的照片：聽到對方曾主辦高爾夫球賽，很欣賞好友的球技，P副總便特別放在心上，回家翻箱倒櫃找出照片，第二天立刻發揮效益。

五、送禮也要很用心：會議前一天已將盒子先拆開、組裝好，當天既不慌亂也讓賓客第一眼就覺得正式、精緻。

六、禮品上的文字也會說話：中文字含意深厚，有意義的提字便巧妙又高段地為會議下了最好註解。

愛屋及烏

- **關心他，更關心他的家人：**對客戶、供應商、主管，甚至部屬、同事，除了關心他們本身之外，若還能發揮愛屋及烏的心情，關心其另一半，甚至子女、父母，從相關人員的關心或貼心做起，常可收到雙倍的效果。

專業勝出帶給客戶價值

- **從專業服務關心客戶產品：**關懷客戶不只在其個人上用心，更可以在技術專業上努力勝出，提供專業服務上的關懷，扮演客戶的專業顧問，建立別人不易取代的互動關係。

例九：用專業突破既有的市場生態

A部門是個新成立的單位，為了突破市場既有生態，採取的做法是：先不論客戶是否會將生意交給他們，A部門同仁都會依照客戶設計的產品，幫客戶進一步分析其產品是否具競爭力？銷售出去後，是否會有後遺症？透過專業、客觀中肯的態度，爭取客戶認同。

結果，也因為「專業」讓客戶感動，覺得可以帶給他們價值，於是，將產品線延伸出去的相關客戶，全部交由A部門負責，雙方形成緊密的夥伴關係。

讓你成為客戶顧問的四小步

一、多看：勤做功課，隨時蒐集、閱讀、吸收與客戶產業相關的訊息、市場趨勢與新知，不懂的部分也應樂於向他人請益，充實多元知識。

二、多聽：注意同業、供應商的動向與消息，平時還用不到的時候，就預先建立豐富的資源分享網絡，一旦有事請教便能立刻得到答案。

三、多想：定期分析、連結從各方得到的訊息，培養自己關鍵性思考與溝通表達的能力。

四、提供具參考價值的專業分享：碰到客戶徵詢時，可以客觀、正確地提供其新產品設計上的參考意見，或是幫客戶進一步分析其市場競爭力等。

● **以專業提供諮詢建議：**比如說，多數服飾店任由客人瀏覽，但有些服飾店會更積極地詢問客人需求，並根據經驗為客人提供穿衣搭配的建議，往往讓許多客人在專業引導與協助下，發現更多適合自己的商品，也因而挖掘出更多商機。

● **以專業的售後服務建立客群：**某些積極的百貨公司服飾櫃位小姐會自己帶著裁縫機，以專業幫購買後需要修改、調整的顧客，提供服務，也因此在平日就累積了許多忠實顧客，不需要到週年慶才臨時抱佛腳。

適當提醒

● **正式拜訪前備妥詳盡資料，適當提醒：**拜訪客戶前，你應該將與會者的簡介，包括照片、嗜好、專長，甚至以往會議時曾經和客戶端哪些主管碰過面、討論過哪些議題等資料，都先行準備好給客戶，同樣地，也應該盡可能將客戶端人員的資料準備完整提供給主管，讓雙方與會人員在開會時都對彼此有些認識，而非全然陌生。

例十：很難不令人印象深刻的會前準備

我看過令人印象最深刻的是韓國三星集團（Samsung）的做法：拜訪客戶之前，他們的業務單位通常都會在事前將三星集團與會者的個人簡介準備好，這份簡介的詳細程度，不得不令我佩服。

簡介中除了有與會者的照片、嗜好、專長等個人相關資料之外，還包括了這些與會者在過去的會議上，曾經和客戶端哪些主管碰過面、討論過哪些議題等相關資料都會先準備好，並預先遞交給客戶端，讓客戶端在會議前就已經對三星集團與會人員不陌生，不僅讓客戶感受到三星集團作業的貼心、專業，更重要的是，透過這樣的作業過程，讓客戶留下了深刻的印象，也為往後合作奠定了良好的基礎。

令人印象深刻的一小步

與會者曾經和客戶端哪些主管碰過面、討論過哪些議題都事先準備好，有效提高會議效率和目標效益。

- **發揮團隊力量，適時提醒：**比如時間快到了，提醒所有相關人員準時、不要忘了；同事、新人或部屬在執行上弄錯了、疏忽了，一旦你發現或注意到時，也應該適時提醒並給予指導或建議，避免再犯。以廣義工作團隊的概念做事，既是幫大家也是幫自己。

樂於分享

- **知識與經驗不藏私：**有些人不願意將產業知識的訣竅或經驗告訴後輩和他人，因為擔心自己的東西被別人學走後，失去競爭優勢，但是在這樣心態的影響下，反而容易讓自己故步自封，無法成長。相對地，若是樂於將自己的知識與他人交流，將經驗教導後輩，甚至整理成文章，有系統地分享給更多人，教學相長，絕對可以享受到利己利人的快樂。
- **好東西就是要與好朋友分享：**例如好的產品、餐廳、養身秘方、醫師、旅遊景點等等，當你體驗過也感受很棒時，總是懷抱著獨樂樂不如眾樂樂的態度，介紹給他人。相對地，此舉往往也會讓他人樂於與你分享他們的好東西。

創造附加價值與加值服務

- **讓業務價值擴展**：許多方案設計公司（Independent Design House, IDH）需要樣品，但因為數量不多，無法產生太多業績，所以多數公司都不樂意花人力、時間去送樣。我們突破這樣的思維，不但沒有排斥，還設置專人負責處理所有方案設計公司送樣品的業務，並從中延伸出新的業務商機：讓方案設計公司樂意先幫我們做新品設計，之後，我們可以代理方案設計公司設計出來的新品，並為其尋找更廣大的市場，彼此在業務發展上形成雙贏的互利夥伴。
- **信用卡的多元服務**：那麼多張信用卡當中，為什麼你會獨獨鍾情於某張卡？想必是它結合了許多加值服務，像是與食衣住行等各種廠商結盟，提供各式各樣的優惠，讓信用卡的服務功能跨界到更多領域，產生加成效益，所以才會打動你，讓你總是習慣使用它。因此，若有信用卡公司願意為此設置專人，專門負責開發異業結盟的優惠方案，勢必能強力虜獲消費者的心。

- **四方全贏的配合模式：**因為一個「多一小步」思維的發想，改變了我們過去的作業模式，不僅自己節省了運費成本，也讓客戶、貨運代理商和業務人員都因此獲益，創造了四方全贏的價值。

例十一：一個轉念改變一個作業模式

最近到倉庫參觀時，倉庫負責同仁報告說：「目前，大陸那邊的客戶很多，每天我們都要送貨到客戶指定的兩百至三百家貨運代理商處。」

我聽了不禁問負責同仁：「為什麼不請這些貨運代理商來取貨？如果我們可以

將需求集中給一、兩家貨運代理商的話，應該是不難找到願意配合來取貨又服務好的貨運代理商吧！」經過同仁挑選、協商之後，果真挑選出兩家貨運代理商願意全力配合。如此一來：

一、公司節省了大陸內地的運費成本：從過去每天要送貨到兩百至三百家貨運代理商的作業，調整為由貨運代理商來公司取貨，省下了原先要負擔的內地運費。

二、客戶可以提前半天拿到貨：過去我們每天只能送一次貨，轉換模式後，配合的貨運代理商願意每天上、下午各來公司提貨一次，讓送貨效率更高。上午取貨，下午到貨；下午取貨，隔天上午到貨，整個作業提前了半天的時間。

三、貨運代理商因為我們的協助，可爭取到更多業務。

四、公司將省下來的內地運費提撥一部分給業務同仁當作獎金，讓共同努力推動這個作業模式的業務同仁也更樂於其中。

一個轉念就可以改變一個作業模式，這個案例也就是實踐「多一小步」最好的詮釋與價值創造。

每個人都具有「一個轉念改變一個作業模式」的能力

不是老闆比較厲害、主管比較聰明，只要你樂於在自己的崗位上，不斷發掘問題、思考問題，無論何種職務，都可以找出不同於過去或其他人的一小步，讓你自己、團隊，甚或公司發展出更具競爭力的作業模式。

• **幫客戶處理不良庫存：**某家通路商因為自身業務關係，常常需要處理不良庫存，後來，更將這項工作延伸為一個新的生意模式——透過和客戶端電腦系統的協同作業，由這家通路商統籌協助需要處理不良庫存的客戶，獲利則由雙方共享。客戶當然非常樂意與之合作，不但不用再擔心死貨問題，還可增加額外營收，成為新的商務模式，也創造雙贏關係。

永遠要比別人要求或期待的多一步

以上二十一種思維是提供大家檢視工作崗位上可以多一小步做法的方向，在這些原則之下，還提供一些可供大家參考的範例，大家就能舉一反三，讓人人都可以從自己開始做起，在工作崗位上落實多一小步的想法，讓多一小步不再是冠冕堂皇的形容詞或是天馬行空的理念，就像甲老闆的創意糕點店一樣。

例十二：總是比客戶期待做得更多的創意糕點店

最初是從朋友處聽到甲老闆的糕點店，因為某項糕點很受好評，一天兩萬個都供不應求，重點是：他的經銷手法比較特別。據說在正式推出之前，甲老闆花了長達八個月的時間，不斷透過「試吃」來修正糕點口味，用心找出最受大眾喜好的味道，目標就是希望讓所有吃過的人都能一試成主顧。

知名度慢慢打開以後，某位企業家想向他訂兩千盒糕點，但卻在數量上——一盒六個看起來太寒酸，一盒十二個的費用太高——舉棋不定時，甲老闆思考後告訴該企業家：「這樣好了，宅急便的費用你出，這兩千盒糕點算我的，免費給你！」

企業家同意後，甲老闆又進一步提出建議：「你買這兩千盒糕點主要是送禮，應該附上一張卡片說明致意，這部分我來處理。」於是，甲老闆寫了一張卡片，內容介紹了這糕點的故事與特別之處，列印後隨同糕點禮盒交給宅急便，企業家的兩千名友人遂成了甲老闆的廣告對象。

這就是創意，透過爭取提供卡片服務的機會，不但幫自己行銷這盒糕點，也因為詳盡介紹產品的獨特之處，讓這份具故事性的糕點禮盒更顯特別，凸顯了企業家送禮時的用心。

於是，我便興起想去認識甲老闆的念頭，到訪時，甲老闆不但免費提供糕點給我們吃，還泡茶招待我們。甲老闆告訴我：「一天提供給來訪客人試吃的量約五千個。」我不禁問他：「你不會覺得心疼嗎？」（若以售價來計算，糕點每個三十五元，五千個就價值十七萬元左右，我猜直接成本應該在三到五萬元之間，一天的試吃成本若是五萬元，一個月也得開銷一百五十萬元左右吧，總是一筆可觀的成本！）

但是甲老闆卻認為：「這些人都是我免費的業務，他吃了就會幫我介紹，我根本不需要再找業務或是行銷人員，甚至也不需要在電視或報章雜誌等媒體上打廣告。」換句話說，甲老闆用「薪資」的思維概念去看待這筆費用。

現在，甲老闆還更進一步將客戶資料庫與前端的電話訂購系統結合，當你打電話進去訂購時，接單的客服小姐立刻就能掌握你的狀況，親切地詢問你：「A小姐，妳上次買的三盒，吃過後感覺如何？」或是「B先生，你這次買的是第十盒，所以這次這一盒將免費送給你。」

服務人員因為對主顧的購買史瞭若指掌，所以依然能透過電話親切地與你互動，這就是「精緻的服務」。目前，甲老闆的糕點很受歡迎，也非常賺錢。在這個看來不起眼又競爭對手林立的糕點市場裡，只因為甲老闆在經營行銷的概念上顛覆了傳統思維，「別人沒有做，他敢做」、「別人不願意做，他去做」或是他比別人多做了一小步，讓他的糕點不需要靠廣告也能建立品牌、獨樹一格，最重要的是掌握了消費者的心與資料。

我覺得，甲老闆許多超越別人期待的做法，不僅是對客戶負責而已，更是對自己專業驕傲與自信的一種責任與態度，這種「永遠要有比別人要求或期待更多一小步」的企圖心，也正是轉動高績效的鑰匙，而這也是許多職場成功人士的思維精髓。因為，唯有永遠都比客戶或主管所要求的、需求的，甚至沒想到的，都能多做一步，才能更一步進駐他們的心，這也是實踐「多一小步」最基本的態度。

創意糕點店成功的五小步

一、老闆用八個月的試吃期，找出最佳口味。
二、幫企業家省錢，也幫自己賺錢。
三、到訪的客人都是業務，親切接待並讓他免費吃到飽。
四、電話訂購連結電腦，掌握老主顧的喜好。
五、針對老主顧主動提供優惠資訊或建議方案，讓老主顧備感尊榮和親切。

多一小步的五大效益

一旦你開始力行多一小步之後，你會驚訝地發現，原來啟動人們「感動」的開關並沒有那麼難！而當這些人們的感動開關因為與你接觸，陸續被你開啟後，你還會發現，自己職場上的大小事似乎更無往不利，一路暢行。

別說你不信！試想，如果某一天，當「多一小步服務」的核心價值可以開始在我們每個人的工作崗位上生根發芽時，我們就會發現，原來過去認為理所當然的工作模式或習慣，都還有「這麼大」或「這麼多」可以調整、改變的空間。

當然，我也相信還有更多的思維運用與做法，在大家的腦力激盪之下可以被挖掘和實踐，屆時，它不只是個人的行事風格而已，還會在競爭力上為我們帶來許多直接甚或衍生的具體效益。

效益一：溫暖的感覺

當你開始實踐多一小步服務時，你的客戶（包括同事、主管、朋友等所有與你接觸的人）一定也會開始感覺，你和他們的互動有點不一樣了，因為你的用心讓他們覺得「你有把我放在心上」，那麼，即使只是簡短問候也能帶給對方溫暖的感覺，進而也會讓你感覺到他回應給你的溫暖感覺。在良好的互動下，不僅工作、生活更愉悅，也可以在未來有更好的延展性。

效益二：強化人際關係

心理學家愛德華．迪納（Edward Diener）發現：「快樂的人通常都有高品質的社交關係。」同樣地，透過多一小步的思維與實踐也可以讓你的「人緣基金」與日遽增，並且創造出「人際互動的連鎖效應」，深遠的影響可能是一般人看不見的，或是無法立刻稱斤論兩估算的，但卻會累積在你的人際關係之中，讓你真真切切地抓住對方的心、強化人際關係的互動與品質，也可進而讓自己藉由這樣良好的人際關係，大幅提高生命的滿意度，樂在其中。

效益三：增加客戶滿意度

當所有與你接觸的人都有溫暖的感覺、人際關係也愈來愈好的情況下，相對地，客戶滿意度也會愈來愈高，因為你已經開始透過多一小步的思維與實踐，提高你提供給客戶的價值，讓他們對你愈趨信任與依賴。比如說，客戶購買力因而提升、供應商樂意給你更好的支援、彼此的關係更親近更有默契等等，都是因為多一小步服務增加客戶滿意度所得到的直接回饋。客戶滿意度是評價企業質量管理體系業績的重要手段，客戶滿意程度愈高，企業競爭力就愈強。

效益四：改善流程，提升競爭力

雖然我們不能期望所有的多一小步都能帶來生意上創新模式的效益，但是，我們卻可以積極地透過上述二十一種思維來檢視現有的工作流程，讓多一小步的服務融入工作流程中。大家千萬不要小看這部分，它在單點效益上雖然不及創新的生意模式那麼有成就感和亮麗，但是，如果我們在某個工作流程中的許多環節上，都能比別人多一小步，那這些多一小步的具體行為，不但會讓我們感受到工作效益的提升，也會進而產生競爭力，讓我們在這部分勝出同儕、同業和競爭對手，就像日本加賀屋一樣，可以帶來很高且全面性的競爭力。所以說，如何透過多一小步來改善流程、提升效益，也是執行多一小步服務過程中非常重要的工作。

效益五：創新的作業模式

透過多一小步的想法，就像前面提到「貨運代理商配合的創新模式」、「方案設計公司業務創新」等實際案例，不但突破了原有的限制，為我們帶來更好的利潤和業務發展空間，還因此讓我們和供應鏈上的廠商連結成彼此利益共享、關係更緊密相依的合作夥伴，也讓公司的品牌價值在他們的心目中和實質營收中發酵，這也是提高我們競爭力最頂級的做法！對公司如此，對個人在職場上的表現也是如此，如果能夠為公司帶來創新模式的發想，當然個人品牌的價值也將發光發熱，隨之水漲船高。

雖然，我們在落實多一小步思維的時候，不一定要非創新模式不做，但是如果可以將這樣的期許放在心上，你才有可能會摸索出創新的模式，因此，這也是我們大家必須時時思考的課題。基本上，你可以試著從下列三個方向上多著力，以激發自己的創新潛能：

一、如何從你接觸到各行各業的所見所聞中予以借鏡。

二、如何多留心現有作業中可以整合、結盟之處，以提高效益、延伸業務，開創一魚多吃、多方共贏的新配合模式或是新作業模式。

三、如何從周遭的點點滴滴關心起，運用「多一小步」的思維幫對方加分，也讓自己的成就感倍增。

同樣地，在工作上，只要能細心、用心地替別人多想一小步、多做一小步，就可以讓他人感受到你的服務熱力，也會樂於和你往來、攜手，當然，你也會成為別人眼中不可或缺的一分子，最願意一起合作的夥伴。

SOP的終極指標：用心行動＋用腦思考＝心的智慧

「多一小步」服務是一種持續進行式的態度，也是一種自我要求，各位不妨從「超越對方的期望」開始，將你所有想到的多一小步寫下來，並盡可能依此在每一個作業環節中訂定執行的標準作業程序（SOP），幫助自己在工作上更聚焦、有效率地落實更多的「多一小步」，如此，才能串成令他人感受到的貼心服務。

或許，當你真的開始運用本文提示的二十一種思維，學習將「多一小步」的觀念和態度內化到自己的工作和生活之中時，你會赫然發現怎麼自己要做的SOP這麼多？難道是自己太差？

不用擔心，也不用害怕面對，這是正常的現象，企業如此，個人也是如此。當過去未曾以此為目標時，有時可能心情很好或想到就會多做一小步，有時則可能忘了，現在，一旦要系統化、標準化地要求自己時，當然在第一次起步時，會洋洋灑灑列出一堆可能可以著力的地方，從另一方面來看，這也是好現象，表示你已經開始認真看待這個課題。

更何況，「多一小步」服務還需要不斷檢討、更新，才能切合市場、貼近客戶需求。所以，你必須隨時去想、隨時檢討自己目前這份「多一小步優質服務的SOP清單」執行得如何了？哪些項目已經養成習慣，不需要再放在SOP清單中提醒自己？還有哪些做法必須調整，重新納入SOP作業守則中？讓多一小步的做法可以不斷推陳出新、好還要更好，積極活化、提升自己與他人互動的服務品質，讓「多一小步優質服務的SOP清單」是一本活的教材，與服務品質的成長可以相互呼應、一體存在。

換言之，如果某些指標或執行項目經過你的努力實踐，已經內化在日常作業之中，成為標準的優質服務時，它就不應該再出現在下個年度「多一小步優質服務的SOP清單」之中。又或許是在努力實踐與用心體會現階段的SOP時，有了新的創意發想與需求，必須新增在下一年度的清單中。如此，每一年的SOP清單都應該有所不同，也都會有增減，但是不管如何增減，唯一不變的是：我相信在這樣的推動與實踐過程中，你的服務品質與口碑一定會與日俱增，開展出更多的創新模式。

而且，在不斷透過增增減減、不斷追求「多一小步優質服務」心智模式的過程中，這些價值觀也會融入你的思考、情緒和日常行為之中，如此年復一年的精煉之後，或許三年，或許五年，或許十年……，最後，你的SOP的終極指標將會是「0」（零）。

所謂「零」的意思就像梁啟超談到「學問之趣味」時，強調：趣味主義最重要的條件是「無所為而為」。凡有所為而為的事，都是以另一件事為目的，而以這一件事為手段。為達目的起見，勉強用手段；目的達到時，手段便拋卻。至此，你已經不需要凡事透過指標或執行細則來提醒自己，因為「多一小步服務」的思維已經內化在你的「心」中，並透過「心的智慧（心力＋腦力）」展現在做人處事的方法上，落實在工作規劃安排上，流露在日常言行舉止上，也會讓對方實實在在感受到你「感性智慧」的誠意與貼心。

主管充電站

《全球領導力展望報告》（*Global Leadership Forecast*）指出，超過五成的部屬認為，如果能為心目中理想的主管工作，生產力可以提高二〇%到六〇%。換句話說，做好管理，你每帶領兩到三名部屬，你的團隊的生產力相當於多了一名員工。所以說，主管的「多一小步」更顯重要：

一、**高度注意獎酬的激勵與安撫：**把握黃金時間（當薪資調整討論大致確定，尚未發放前），激勵調薪幅度高於平均值的同仁，讓他知道你的考量與期待，同時安撫調薪幅度低於平均值的同仁，讓他清楚未來改進和努力的方向。

二、積極為獲得升遷的部屬鋪路

- 總務設備的安排：工作上需要調整或增添的相關設備，如主管房間、座位安排……等，看起來是小事，但是「工欲善其事，必先利其器」，如果能在其走馬上任前一切就緒，就能讓他在工作上更得心應手。
- 職前訓練與了解：展示很多東西給他看，讓他做好正式上任前相關職務的職前訓練與基本認識。
- 其他同儕的心理建設：當他因為你的推薦而從同儕中被拔擢起來，難免會引起團隊成員某些人的不理解與不諒解，身為直屬主管應該把握黃金時間（當升遷名單大致底定、人事命令尚未布達前）與其他部屬溝通，讓團隊成員了解可能面對的調整、你的考量方向，以及晉升者的優點，預先安撫可能不平衡的情緒，並讓晉升者接任主管職務之後，底下（原團隊）的成員可以服他，讓他好做事。

- 對外人際關係的打點和轉換：帶他一起拜會與職務上相關的客戶、跨部門主管……等，轉介關係也讓他事先熟悉這些關係。此外，還要主動製造一些機會讓他認識很多人，比如說，帶他去和客戶打球、一起出席餐會等等，幫他建立新任職務上的關係網絡，確認你原有職務上所經常往來的關係都已經順暢轉交給他，如此，他才有可能完全接手你原來的工作，成為你的得力助手。
- 職務上的熟悉與後援：升遷初期，有些會議你可能需要幫他站台，甚至先幫他開場，之後再交給他，或是某些作業、流程帶他走一遍……等，讓他對新接任的主管職務能有熟悉、轉圜的空間。
- 不定期幫他打氣：定期檢視晉升部屬的接手狀況與進度，時時幫他打氣，協助他可以在三到六個月的時間內完全上手。

三、高階主管在升遷異動時可以多做的一小步：將晉升同仁及其直屬主管一同找來三方懇談，告知晉升者是因為其直屬主管的欣賞和推薦才能獲得升遷機會，幫直屬主管強化其統御領導，另一方面則提醒雙方，該如何做好新角色與職掌上的調適準備，協助直屬主管再向上提升，避免兩人重工。

四、時時幫團隊打氣、解決問題：負責推動或執行任何新政策或系統的同仁，雖然是因為你肯定他們的能力而賦予新的挑戰任務，但是在落實的過程中，心情很難是愉悅的，中間難免會碰到許多抗拒和挫折，這時候，能激勵他們熱情並給予最大動能的，莫過於來自主管的相挺與支持。所以，身為主管一定要記得常常關心他們、幫他們打氣，了解並協助他們克服所碰到的瓶頸或困難，必須要給予堅定的支持力量，才能讓他們繼續往前推進，達到目標，否則就算你的構想再好，也無法親力親為來執行所有的事，更遑論可以開花結果，展現好成績。

五、樂於分享知識、傳承經驗：隨時利用機會教育，將產業經營訣竅與隱性知識（Know-how）、經驗傳承給部屬，避免他們走冤枉路。如果可以更進一步將隱性知識整理成文章，有系統地分享給更多同仁，熱心引導、培養部屬，樂於扮演往下傳承的中流砥柱，不僅可以減少同仁學習摸索的痛苦，還可享受教學相長的樂趣。

六、榮耀歸於同仁，失敗時不避責：當部屬有好表現時，身為主管的你應該不吝於在其他主管、客戶或供應商面前主動稱讚，讓部屬發光發熱。遇有適當機會，主動推薦表現優異的部屬爭取或代表團隊接受表揚。碰到部屬犯錯時，也應該設身處地體諒部屬的立場，先了解部屬的想法，並扛起管理疏失之責，反身自我檢討，一定要找出自己錯誤的所在，唯有找出自己錯誤以後，你才能平心靜氣地與部屬討論錯誤，帶領同仁一起面對問題、解決問題。

七、固定省視、檢討自己或是團隊的日常工作：深入評估日常工作中哪些是多餘、不合時宜的作業或流程？是否可以直接刪除？或是改為更有效率的方法？

第二章

人際間的互動與經營

「如何讓大家都樂意和我合作？」當我們有了方向（多一小步的二十一種思維）之後，在面對人際互動的觀念和態度上或許也應該重新檢視一番。或許在重新自我檢視之前，我們可以換個角度來想想這個問題：為何每一位離職員工所帶給公司或同事的反應都不相同？

某些人離職，對公司、同事而言，是一個汰舊換新的機會；某些人離職，則會讓公司、同事設法極力挽留，不想放手。其中最大的差異與考量，就在於這個人在工作上所創造的價值。

這些價值不只來自於工作能力，也來自於服務態度、溝通協調能力等等，換言之，一個人對公司的貢獻價值不同，工作（角色）的被替代性也就有所不同。套句廣告詞來說：「競爭力來自於每日的投資」，從這一刻開始，你不妨想想看：五年後的自己會是什麼情況？而關鍵就在於，從現在開始的每一天你會怎麼做。

有位心理學家曾經提出一份「人際關係自省表」，透過五個問題，讓你快速檢視自己在工作職場上的人際分量，想想看，你是屬於下表哪一個「此人」呢？

人際關係自省表：

□此人不在，萬事皆休。
□此人在比較好。
□此人在與不在，都無關緊要。
□此人不在比較好。
□此人消失更好。

我想很多人一定會透過經驗察覺到，多半事業有高成就的人，能力並不是絕大部分的因素，擁有人際間良好的互動與溝通，才是致勝的最大因素。雖然，人與人之間的關係並沒有公式可套，但它卻是一套講究累積的工夫，必須堅持的是一種持續進行式的態度，它也和「多一小步」服務一樣，不管你之前屬於哪一種「此人」，只要你願意用心去做，你的一切作為都將在「時間流」裡被記錄下來，絕對是功不唐捐，不會白做工的，至於如何做才能事半功倍，在人際經營上達到較高的效益呢？

從一個老闆的立場來看，建議你不妨從「Say Hello!」、「熱情與人互動」、「內部溝通」等人際關係經營中最直接、頻繁的管道做起，從每天一定會發生的狀況開始著手，身體力行，時時保持服務的意識與心態，很快地，透過你的行為舉止就能讓大家充分感受到你的服務品質和專業力道，這些是最基本的功夫，也是建立良好人際互動與溝通最近的一條路。

活力的一天從「Say Hello!」展開

公司在訓練新人的時候，都會要求新人在公司內遇到同事、主管，應該要主動打招呼、「Say Hello!」問好，但是我也經常發現仍有許多人害羞、開不了口。事實上，這只是習慣問題，相信每個人心裡都一定很希望和大家Say Hello，也希望每天一踏進辦公室，就有同事熱情大聲地和你Say Hello，讓活力的一天從Hello聲中展開。

但是，推動「Say Hello!」一段時日後，成效並不顯著。我常想：「到底要如何做，才能讓大家盡快且確實地擁有這樣的觀念呢？」前言中提到的診所給我很大的啟發。

當時，我好奇地問她們是不是受過服務品質的相關訓練？護士回答說：「其實沒有，只是我們主管要求特別嚴格。」我想這就是關鍵所在，如果公司各高階主管，都能身體力行的話，我相信一定可以更快幫助同仁輕易袪除羞澀，建立「Say Hello!」的習慣和風氣。

為什麼我會對「Say Hello!」這麼在意？

因為通路業不但是服務業，還是很辛苦的夾心餅乾服務業，時常夾在供應商和客戶之間，永遠都有解決不完的問題，也常常要忍受很多看似不合理的要求和抱怨，如果沒有一套健康的心理建設及中心思想，那麼，上班就會是一件苦差事，於是便會缺乏服務熱誠，因而服務品質也一定不佳，當然供應商、客戶、上司、同事也都會因此感到不滿意，自己也不會有成就感、開始不快樂，甚至還不自覺地把不快樂的情緒又帶回家中，影響到家庭的和樂生活，形成痛苦指數很高的惡性循環。

人生又何必如此折磨自己呢？

讓微笑擁抱大家

於是，我開始推廣「多一小步」的服務理念，希望讓友尚的氛圍在夾心餅乾服務業中產生良性的循環，工作可以快樂一點，生活也可以更和樂一些，而最能啟動這樣快樂的行動因子，應該就屬每天一早一句大聲而愉快的Hello，這也是開始落實「多一小步」服務最基本的起點。

當你每天踏進辦公室，就立刻聽到同事笑臉迎人地對你Say Hello，相信你的心情一定很難不愉快，同樣地，當你向迎面而來的同事Say Hello時，彼此的距離一定會因為這句話拉近許多。簡單的一句話，可以同時讓辦公室的氣氛愉快、同事間的互動更親切、主管和團隊間的默契也可在其中慢慢萌生。為了驗證這樣的想法，我決定正式在辦公室推行「Say Hello!」運動。

每天早上由主管帶頭一字排開，以微笑和熱情迎接前來上班的全體同仁。沒想到，這看似簡單的一句話，竟然讓很多同仁驚喜到不知所措，直至持續進行三週之後，大家才開始慢慢習慣，一早進到公司看到主管向大家Say Hello時，也會立即大聲回應，甚至敢和主管開玩笑了，果真「大家都希望被微笑擁抱」的心情是一致的。

大陸辦公區則執行得更徹底，除了讓主管帶頭Say Hello之外，還每天安排不同職務的同仁帶頭向大家Say Hello，週一是高階主管們、週二是協理們、週三是助理們、週四則是業務同仁……，成效又更進一步，很快就讓整個辦公區的同仁都打成一片。

透過主管實際帶頭示範「Say Hello!」的效益後，終於讓大家一早踏進辦公室就可以接收到別人的微笑和問候聲，從而自己也受到感染，可以輕易地每天一早就帶著微笑，主動向身邊所有的人Say Hello，這真是令人愉悅的現象。

你，也可以是別人想認識的「快樂的人」

確實，經由這看起來不起眼的一句話，不僅可以讓別人心情暢快，也深深影響到我們的工作環境是否可以讓大家更快樂、開心，透過「Say Hello!」運動讓大家都有了良好的開始和感受，也因而讓辦公室的氣氛更溫馨愉快，很多同仁也工作得更快樂了。

英國醫學雜誌曾發表一篇研究顯示，快樂情緒的影響可遠達三層外的人際關係。認識快樂的人，會讓你變快樂的機率增加一五・三%，認識有快樂朋友的人，則會增加九・八%。這種愉悅的渲染力真的很強，如同我在前言中所提到新加坡航空公司（Singapore Airlines）空服員的例子。

由此可知，如果你也可以在每天早上開始自然而然帶著微笑，大聲地向同事、主管、老闆Say Hello，讓大家在踏入辦公室的那一刻起就可以帶著好心情度過一天，用熱情和笑容為你的專業加分，做一位在工作職場上讓別人都想認識的「快樂的人」，不多時日，你會赫然發現環繞在周遭的氛圍也開始轉順了。因為在「Say Hello!」背後，統括了感染人心最精華的三項元素：親和的笑容、具體的行動，與激勵人心的語言魅力。「Say Hello!」這件事很簡單，但它在人際關係上所累積的影響力和感染力，絕對會令你難以估算。

熱情與人互動是建立人際關係的第一步

大家都清楚，「熱情與人互動」是人際關係的第一步，其實它也是帶動服務品質很重要的關鍵要素，它代表了我們對別人的關注和尊重，也代表了我們對別人的「用心」程度，如果我們對人都無法用心，更遑論在處理事情時可以讓對方感到「窩心」。特別是身為電子通路商的我們，最重要的基本業務能力就是要懂得如何與「人」打交道，所以能否隨時隨地都展現出對人的熱情、對人的關懷，也常是我在考量同仁升遷或發展性時很重要的一項指標。

與人互動的態度左右老闆的升遷令

記得有一次，某部門主管希望拔擢旗下一位同仁A君擔任幹部，人事升遷資料送到我這兒時，被我否決了。該主管不解地問：「董事長，為什麼你認為A君無法勝任？」我說：「從平常的互動中覺得A君似乎太過木訥。每次在電梯中遇到他，他都不敢打招呼，甚至還不敢和高階主管進同一部電梯。應酬餐會時，也總是坐在自己位置上，從未見他起身去和大家打招呼、交流，如此被動、怯場，他真的能做好產品經理的工作嗎？」

或許有人會認為，這看起來似乎是A君個人在公司內部的行為而已，沒什麼大不了，但是見微知著，在公司內部相對輕鬆的環境下，如果某人表現木訥的話，又怎能期待他可以大方面對客戶或是供應商？

同樣地，當我在某些場合或會議簡報上，如果發覺某些同仁表現不俗，我也會記在心上，遇有適當機會時，他們就會是我口袋中的不二人選，主動提供更大的發展舞台。

就像某次在一個與供應商交流的餐會上，與會者除了包含我在內的雙方高層之外，還有一群公司的中階幹部。餐會中，這些中階幹部大都沉默不語，只有B君主動、積極地在席間與雙方高層互動、交流，偶爾在雙方高層對談中，插進一兩句話，也顯得恰到好處，讓我對他留下深刻的印象。

「不知道董事長找我有什麼事？」B君是公司的一位中階幹部，聽到我有事找他，心裡不禁有些犯嘀咕。和B君見面後，我告訴他，因為看重他的能力，準備將他由現在的部門轉調到策略開發單位。

「董事長，為什麼你會選我？」B君語氣中有些緊張，也有些疑惑。大概是以為原部門人員太多，可以負責的產品線卻相對減少，擔心自己可能沒什麼特點所以才被調到這個看起來無特定業務的單位。

「我會選你進入這個單位，主要是在幾天前的餐會上看到你的表現……。」這件事表面上看起來沒什麼大不了，甚至稱不上有任何功績，但是見微知著，從餐會中B君的表現，我看到了他的積極態度與膽識，以這樣的自信、主動，未來在面對客戶或是供應商時，絕對能遊刃有餘，展現出好的互動。聽完我的觀察和說明後，

B君也因為個人特質受到主管賞識，有機會轉調到更具挑戰性的單位發展，心情立刻轉憂為喜。

事實上，身為業務代表，最重要的就是必須要具備積極、敢與陌生人互動的態度和功夫，這樣才能夠代表公司去「無中生有」地積極開發新客戶或解決問題。

不單是我，我想應該也有許多老闆和我抱持同樣的看法，假設：

- 各位在公司內，面對親若家人的同事或主管們都很羞赧，不敢主動接觸，例如同仁或部門聚餐時，不敢到旁桌敬酒。
- 每次活動只和熟人說話，看到不熟的同事不敢主動打招呼。
- 在電梯口看到老闆或高階主管也在等電梯時，遠遠就閃到一旁。
- 對公司辦的活動總是縮在一角，不想參加。

● 遇到同事的婚喪喜慶，總是慢半拍表示或是能閃就閃，不想出席。

● 團隊成員的生日或重要日子時（比如爭取到大訂單、升遷、獲獎等等），從沒注意到，或是開不了口主動致意。

試問，當老闆或高階主管看到有上列表現的同仁，他怎能寄望這些同仁可以和公司以外「陌生的」客戶、供應商進行良好互動、協商與交流？又怎能期待這樣的同仁將來有能力成為管理幹部，帶領部屬？

與人互動的秘訣：拿出追男／女朋友的熱情

所謂「見微知著」，若你連主動向陌生同事熱情打招呼都做不到，其實也就反映出你對許多事情可能都缺乏熱情、遇到問題可能也缺乏主動協調各方資源設法解決問題的能力，換句話說，如果你連主動、適當地與人接觸都做不到的話，那同樣地，你有很多其他事情也是做不到的！事實上，這也是一種自我設限，這種習性將會圈囿住你未來在職場上可能的成長空間，因為愈是高階主管，必須處理與面對和人相關事項的比例會愈高。

以我個人來說，如果觀察到某位同仁表現木訥，不願與人交際，可能在考核這位同仁升遷、加薪等等的過程中，我都會有意見，甚至還可能因此對尚在試用期的新人，建議其直屬主管不予錄用。所以，當一位主管在推薦部屬晉升的時候，除了專業能力的考量外，該同仁是否同時具備熱情、與人互動的良好習慣和態度，也常會是被詳加評估的重點之一。

正如之前所說，與人互動的能力往往可以從小見大。相對地，建立這方面的能力也必須是從小處開始著手。比如說，主動和人打招呼，生日時打個電話、送上簡訊或卡片，婚喪喜慶時盡可能第一時間致意，看到新同事或新客戶樂於主動熱情互動等等，可能只是一句話、一個動作或是一張卡片、小禮物等看起來不甚起眼的「小小用心」，但是如果你能認真地落實在生活中，這習慣也會不知不覺影響你許多為人處事的思維和態度。由小到大，都能讓別人充分地感受到你的誠意，這不但是業務能力的試金石，也是提升服務品質的重要基礎。

有個年輕小夥子A君，雖然是個初出茅廬的業務，沒有太多經驗，但他堅信個人的熱誠與耐心可以補足他經驗上的不足。

有一天，A君前去拜訪一位素以脾氣暴躁著稱的客戶B老闆，聊著聊著，B老闆發現A君只是公司的新進員工，心頭一把無名火頓時生起，他認為對方公司派個菜鳥來跟自己協商，擺明是看不起自己。當場就把A君給轟了出去，並對秘書小姐怒吼：「妳給我通知他們公司，要和我談，派個資深點的來！」然後碰的一聲，甩上辦公室的門。

A君莫名地被轟出來之後，並不氣餒，他掏出自己的名片，請秘書小姐務必幫他遞給B老闆。「先生，你就不要為難我了，我們老闆正在氣頭上，你這麼做也只是找壁碰而已，說不定還會遷怒到我。」秘書小姐說。

「沒關係，我下次會再來拜訪，所以還是請妳幫我將名片遞給B老闆。」A君說。

拗不過A君的請求，秘書小姐硬著頭皮走進辦公室，不出所料，氣頭上的B老闆二話不說，就把A君的名片撕成兩半丟回給秘書，秘書小姐不知所措地愣在當場，B老闆見狀更是生氣，從口袋中拿出一枚十元硬幣，對秘書小姐說：「十塊錢買他一張名片，夠了吧！」

秘書小姐無可奈何，只好把碎成兩半的名片跟十元硬幣拿出去交給A君，沒想到A君接下名片跟銅板後，立刻很高興地大聲說：「請妳跟B老闆說，十塊錢可以買兩張我的名片，所以，我還欠他一張。」隨即掏出另外一張名片交給秘書小姐。

突然，辦公室內傳來一陣大笑，B老闆走了出來說：「這樣的業務員不跟他談生意，我還找誰談？」語畢，便將A君重新請回辦公室。深談之後，B老闆也感到A君熱誠、負責的特質，便放心地將訂單交給了A君，日後還與A君保持長久的合作關係。

就是這一股「我一定要認識你，並讓你對我留下好感」的熱情，讓A君在面對客戶的質疑和無理對待時，不但沒有氣餒，反而可以迅速撫平自己的情緒，以不卑不亢的態度讓客戶對他另眼相看，並願意重新認識他，無可諱言，熱情也是一種力量！

如果一時之間，大家還不知道怎麼表現「熱情」才好，那麼，不妨學習A君從

「我一定要認識你，並讓你對我留下好感」的角度出發，主動與人互動，用心將你的誠意展現出來，就像追求男／女朋友時的心情一般，一旦有了開始，你就會發覺原來與人互動交朋友並不是困難的事，而且也會因為這樣溫暖的互動，為你帶來許多意想不到的收穫和成長。

秀自己的機會天天有，你錯過了嗎？

前述B君在那次餐會中不經意所展露出來的特質，讓我有意將他轉調到策略開發單位，事實上，也因為這些小動作，我將B君約來，面談後更印證了我當初的預期。相對地，A君卻因為平常的表現過於木訥，未能在平日工作或團隊互動中顯現出積極進取的一面，反而忽略了機會隨時在身旁的重要性，以致錯失有可能被拔擢的機會。

我們常說，當機會來臨時一定要抓住，才能一展長才，但是我們也常聽到許多人在慨嘆時不我與，自己是千里馬卻沒碰上伯樂。究竟機會在哪裡？怎樣你才會遇到伯樂？

我相信各位無論在公司內或公司外，都一定常有機會參與各種聚會（不論是餐會、研討會等等），遇到與前述案例相似的交誼場合或是電梯間、會議上……，這些就是機會。如何把握住每一次的契機，善用這些機會展現自我能力、特質，往往會成為決定你升遷或者是否會被委派重任的關鍵。

各位是否曾經想過，一家企業中有這麼多人，到底是什麼樣的人會被注意到？最重要的，就是要懂得適度表達自己，因為唯有適時地秀出自己，別人才會把眼光投注到你身上，也才有機會了解你是不是有「料」？而在工作職場上可以秀自己的機會，俯拾即是，但同樣地，也稍縱即逝，例如：

一、在聚餐中，你是不是能像B君一樣，主動積極融入其中，並在熱絡的交談中，找到機會適時地表達意見，讓大家注意到你？

二、會議中，你是不是敢站起來得體地表達自己的意見？

三、會議後，若還有相關問題時，你是不是敢利用電子郵件或其他溝通管道，有禮貌地將問題標示出來向上反映或請示？

四、當你有機會可以對主管、供應商簡報時，你是認真看待每次機會、用心準備簡報資料？還是視為例行工作，除非主管有特別交代，否則不會刻意掌握時機多做些準備？

以上這些場合、機會是否每天都在你的面前上演？而你是否都掌握住了？還是不經意地忽略了？你認為只有大案子才能讓自己有一飛沖天的機會嗎？對於上述所說的機會你都視為小兒科，根本算不上挑戰，因此不屑熱情表現？

態度決定你與機會碰面的頻率

某次，我因業務需求到A區開會，想順道去看看新搬遷的辦公室，並為該區同仁加油打氣，於是，兩天前便通知該區主管，告知他當日約十點左右會到辦公室看看，並請大家一起吃個中飯。

約定當天，我準時到了，但卻沒有會議室可以讓我和大家先坐下來聊聊，所有會議室都有安排，唯一還有空檔的大會議室，則正在進行裝修後收尾的細瑣作業。

我問A區主管：「大會議室不是可以使用嗎？」A區主管說：「不行，那間還在裝修。」

我說：「你沒注意到這問題嗎？否則怎麼還在這時候裝修，請他們下午來不就好了嗎？」A區主管說：「因為和裝修師傅約很久了，好不容易這時候他有空檔。」我很無言，我想A區主管真的只認為董事長這趟來訪，重點是請大家吃飯吧！

數日後，我將要到B區開會，B區主管一聽到這訊息立刻與我聯繫：「董事長，你可以在B區開會期間，撥給我一個小時，和我一起去拜訪Y供應商嗎？」因為B區主管的積極、主動，我欣然同意和他一起去拜會Y供應商。

約定當天，B區主管也很慎重地在短短一天之中，為這場臨時安排的會面準備了許多資料。雖然才短短一小時，但我們和Y供應商的高階主管商談愉快，不僅解決了過去隔閡在彼此之間的一些困境，也運用這次機會爭取到Y供應商更多的支援，對B區未來的業務推展達成許多有建設性的決議。

你看到A區主管和B區主管之間的差異了嗎？

以A區主管來看，他一點準備都沒有，沒能「意識」到老闆來訪可能是個好機會，就這樣直接放棄了一個可以秀自己、秀團隊績效以及解決問題的機會。但發生在B區主管身上時，因為他的熱情、積極與人互動的態度，卻採取了截然不同的思維和做法：

一、B區主管的應變能力很強，立刻嗅到這是一個對自己或團隊都是不可多得的「機會」。

二、B區主管積極爭取更多讓「機會」停駐的時間，即使是一小時也很重要。相對地，A區主管因為沒能意識到這點，以致他更看重裝修工的一小時。

三、為了讓機會的效益發揮最大值，即使只有一天的時間，B區主管依然漏夜準備了完善的相關資料，不僅讓老闆特別擠出來的拜會行程更具效益，也使他所面臨的困境和需求有了突破，有助於他下階段業務的擴展。

其實，很多看似微小的舉動，都是你可以秀出自己能力、見解，甚至工作績效，進而爭取晉升的最佳時機。切記，萬丈高樓平地起，與其等待一個不可知的未來，還不如掌握每個在面前展開的機會，勇於秀出自己，讓主管或其他人藉此認識你，你才會有更多往上提升的可能性。所以請各位一定要主動、有禮，且適當、熱情地與主管們互動，不要害羞、不要害怕，才不會在閃避的同時，也將職涯發展的機會給放掉了。

內部經營與外部經營必須並重

依我平日觀察，很多人在面對外部的客戶經營時，總會：

一、先思考在達成目標的過程中，哪些人是關鍵人物，其主要職掌為何，並深入掌握背景資料。

二、雖然會先拜訪客戶採購人員，但也一定會設法在互動過程中，與其主管、經理，甚至高層認識，增加互動、溝通的管道。

三、平日就與這些主管們保持良好互動，以便案子進行到某個階段時，可能會有需要直接找其經理協商，或是偶爾也有可能會需要約其副總溝通，以尋求更高層主管的協助。

四、必要時，也會運用迂迴戰術或請供應商助一臂之力。

以上種種努力與戰術，都是為了突破問題困境，達成目標，就算是過程中面臨到客戶端組織作業或流程上的問題，也不會是大問題，多數業務也非常享受這充滿挑戰與成就感的過程。但是，同樣的狀況如果發生在公司內部，不少人便會暴跳如雷，認為公司組織或行政作業不合理，或是消極地放棄，讓許多事情功虧一簣。

為什麼多數人可以克服客戶端組織上的問題，卻無法以同樣的態度面對公司類似問題？主要關鍵在於多數業務會將客戶問題視為工作重心，用心經營，但卻沒有相對建立起「內部經營也應該是重點工作」的心態，所以，才不會像經營客戶般花心思關注在內部經營上。

在一個組織中，礙於職務與視野的關係，或許某些你的建議被上層主管認為是不錯、可行的事情，卻受限於某些單位把關者的觀點或職責，在比較無法變通的堅持下，卡住你的需求或讓事情擱置無法處理。但是，如果你平時也能夠像經營客戶般積極經營內部組織關係的話，一旦問題發生時，其實可以如同外部經營般，透過你事前已經用心經營內部的基礎，將需求與建議有技巧地向上反映，爭取上層的協助與支持，不但能讓事情獲得有效回應與解決，也能在公司內部建立起自己的效率與價值。

切記，良好的溝通與聯繫，不僅在對外部客戶（工廠、供應商）時必須特別注意，同時也應該注意到公司內部的客戶（員工、同事、主管），讓他們和你互動時也同樣能感受良好，如此，才能將你及團隊的服務綜效發揮出來，畢竟，客戶的需求和滿意度絕對是必須建立在內部團隊支援之上的。在此原則下，大家不妨可以從下列十一點開始做起。

要點一：視同事為客戶

一旦你將同事當作客戶般看待，你就會開始意識到，即使是內部溝通也有許多細節和禮貌不能忽略，比如說：

- 溝通時應該保持愉悅、親切的聲音語氣。
- 隨時以和顏悅色的表情、態度和同事互動。
- 不可過度開玩笑。
- 某些資料或請託應該當面溝通，這樣會更清楚也更顯尊重。
- 溝通結束時，不忘說聲謝謝……等。

要點二：視部屬也如同客戶

千萬不能看輕自己的部屬或助理們，因為他們都是協助你提供多一小步優質服務的一環，若能讓他們從「心」信服你，感受到你的關切和尊重，必將促使他們竭盡所能貢獻己力、用「心」回應，不僅可以為你分憂、為公司相關業務加分，還可以讓客戶留下專業深刻的印象。

相反地，若你平常忽略了互動時應該注意的禮儀，例如常常用命令式的口吻交辦事情等等，相對也將讓你的部屬或助理無法由「心」協助你，常會在應對客戶時太過隨意或不注意，讓客戶留下不好的負面印象，甚至影響到訂單。

切記，如果你也能打心眼裡將部屬當作客戶般地互動，相信很多不必要的負面感受或誤解也將不復存在，畢竟部屬和助理也是協同你一起達成目標的夥伴之一。

要點三：傾聽需求，別急著說No

當其他同事提出請託或需求時，不要輕易說No，應該要：

一、先耐心聽完同事的敘述。

二、試著確實了解他的需求。

三、認真評估後，若果真做不到再婉轉說明。

如此不僅可以建立更多跨部門同事間的人際網絡，也不會因此漏失可能對公司或部門好的建議或機會。比如說，業務同仁想向財務部申請某客戶額度，財務部同仁一看到往來數字不大，就一口回絕，根本沒能好好坐下來深入了解、研究討論如何在業務同仁及公司風險間取得解決方案。結果，說不定這家客戶目前的營業往來雖然不大，但是背後投資者卻是資金雄厚的大客戶，深具開發潛力也不一定，所以凡事不要用過於主觀、否定的角度來看，必須耐心、深入地了解與剖析，甚至透過同事的需求還可以察覺到平日忽略的死角或盲點。

要點四：將問題爭議或延宕視為你負責角色上的重要任務

在組織或團隊中，如果功虧一簣的狀況不斷出現，很容易產生三種負面影響：

一、問題懸而不決：如此常妨礙組織前進，讓大家的心血無法開花結果。

二、治標不治本：因為沒有向上反映，從問題的根本著手，常會產生表面上好像協助基層同仁解決問題了，但往往只是一時消除了眼前的緊急狀況，未能真正解決問題，讓類似的問題一再上演。

三、團隊對主管的領導統御產生不信任和質疑：如果主管對於團隊成員面臨的問題，長期採取不主動處理的態度，或總是放在心上最不起眼的角落，讓問題毫無進展，最後會讓團隊成員對主管的領導統御無法信服，甚至產生微詞：「唉！問題反映給主管也沒用，我無法解決的問題，他還不是一樣沒轍，沒有任何幫助！」

這三種負面影響，不僅影響組織效能的提升，也會影響到團隊的工作績效，為了避免類似狀況發生，主事者（不論是業務部門或是其他部門）就必須將眼前面臨的問題爭議或延宕的處理，視為你負責角色上的重要任務！

要點五：捨棄「怕得罪」的心態，才能甩開負面影響

為了在職場上扮演好人、維持職場良好互動，不少人在面對問題時總會礙於情勢，不敢將問題向上反映，因為怕得罪人，甚至擔心因為自己向上反映問題，讓主管有被越級的感受而不太高興。或許以上這種擔心是可能發生的，但更深入問題來

看，這些人也同時忽略了：很多問題往往不會只在一個單點上爆發、消失，而是一連串的影響。

一、**你想過「萬一事情愈滾愈大，終致不可收拾」的後果嗎？**如果因為自己心理障礙未將問題即時向上反映，萬一問題愈滾愈大，終致無法掩蓋，甚至影響到團隊績效或公司信譽時，你也會首當其衝，難辭其咎。

二、**「得與失」不會只有一個角度，必須從更寬廣的面向來衡量。**或許有可能會碰到心胸不太寬廣的主管，但其實你可以不必那麼在意，因為「內部經營」絕不會是單行道，而是多元角度的，所以，只要你的出發點是著眼於「解決問題」，而且提出的建議都很有建設性，不但同儕會認同你有面對問題、解決問題的勇氣與擔當，也會因此讓高階主管看到你的能耐，進而賞識你，甚至還可能因此得到另一個被拔擢的機會。

像我個人就常會從會議中同仁簡報的表現上，發覺人才特質、拔擢人才。一般業績檢討會議，都是由部門主管代表說明，但是輪到某部門報告時，G君卻自告奮勇地願意代表部門、代表主管上台報告，主動爭取表現機會，結果G君完整有力的簡報，不僅讓部門主管覺得很光采，也贏得了所有與會高階主管的肯定，對G君的膽識和能力留下深刻印象，也為他自己的未來發展留下良好契機。

所以，大家不要只從對個人產生負面的角度來想：「這可能會得罪某某人。」應該也要從大處著眼，反向思考，以更積極、正向的角度來評估，捨棄向後退縮、視而不見的行事作風，才能真正維持職場良好互動，甩開可能的負面影響。

要點六：勇於並有技巧地向上反映問題，落實良好內部經營

基本上，大家在客戶端處理問題時，也都曾面臨過所謂「得罪某某人」的考量，但是，為了達成目標，大家總會衡量輕重後，有技巧地予以克服、處理，不會退縮逃避。事實上，面對內部組織時的處理態度和因應技巧也沒有什麼不同：

一、反映事情時，多注意反映的方式與訴求技巧：針對實際問題做說明，避免流於對人的抱怨，就能更圓融地達到你的訴求，同時讓你所提出的建設性意見深烙在許多主管心中。

二、機會的拿捏與得失之間，就如同在面對客戶時的挑戰般，也必須細細揣摩：事實上，許多主管都很忙，所以會更重視同仁在會議簡報、各式報告

等綜合能力的呈現，透過同仁向上反映的表現，不僅可以看出同仁對於彙整問題、分析問題甚至解決問題的條理、組織與策略思維，也可從中知道同仁的用心與所下的工夫多寡、對產品知識的了解深度、膽識、創意等，是許多高階主管藉以鑑定各位同仁的最佳管道，相對地，當然也是各位秀自己的最好機會。

要點七：以對方可以接受或理解的方式進行溝通

社會學家雷伊．布德費斯特（Ray L. Birdwhistell）曾說過，溝通的品質中雖然有三五％是來自語言，卻有六五％是借助非語言溝通。也就是說，溝通的關鍵不僅僅是溝通的內容，還要思考如何用對方可以接受的方式來溝通，才能確實達到有效訊息的傳遞，進而達到你需要執行的目標，此外，也可降低彼此的誤解，避免說者無心，聽者有意的反效果產生。

除了面對面的溝通之外，透過各種報告（包括平日的簡訊或電子郵件、會議報告、會議簡報等各種模式）也是大家可以多加運用的溝通方式，如果你可以透過良好的報告來展現溝通能力的話，將會是建立內部經營最迅速有效的方法。

要點八：向上反映時，必須用心在每個環節上下工夫，避免功虧一簣

雖然我總是鼓勵同仁要有勇氣向上反映，但是，當大多數同仁想要向高階主管反映問題時，難免還是會在意所謂的「越級報告」困擾。這時，就必須用心在每個環節上多想一下，多下一點工夫，才能讓你的訴求達到預期目標。比如說：

一、什麼時候往上反映給上層主管是最適當的時機點？

二、事前該做哪些準備工作，讓你的報告更具說服力和可行性？

三、在什麼場合講、用什麼方式講，都是技巧，也必須慎重思考。

四、該如何描述問題狀況才能針對事情，而不會傷到其他同仁？

五、遣詞用句又該如何拿捏？

六、要寫給誰？要怎麼去追蹤？如何判斷成效？

凡此種種，都必須要仔細思考，其心情和態度與你在爭取客戶訂單時的慎重，應該是相仿的，如此才能確實達到效果。

要點九：工作大小事，總能多一分好雞婆的熱心

平時你夠雞婆（熱心）嗎？除了在自己工作範疇中能多提供同事方便，多協

助主管分憂解勞外，你還會更進一步在分內工作之外，也發揮同樣的精神多關心一下公司或同事工作上的大小事務嗎？比如說：

一、當別人請你幫忙時，不管是不是屬於你工作職責範圍的事，在不影響公司利益和本身工作前提下，只要做得到，你總會盡可能地協助。

二、即使同事並未特別要求幫忙，但在你工作範疇中所接收到的資訊，只要與其他部門相關、有所助益，你總會主動傳達或做成摘要給相關同仁參考。

三、平日就會注意到組織分工上，每個人的權限與執掌、組織的變動與調整。

要點十：同仁即家人，人際社交間展現熱情

根據卡森帕克顧問公司（Katzenbach Partners）所進行的一項調查顯示，有六

四％的工作者表示：「他們最享受工作的部分，就是擁有自己喜歡的同事。」你的態度又如何呢？除了工作上的互動之外，你是否在私領域也同樣懷抱熱情與人交往。比如說：

一、同事的婚喪喜慶你會不會去參加？

二、同事弄璋弄瓦時，你有沒有注意到？

三、會積極去關注你周遭的人際關係與人情往來嗎？

四、特別是和你的上司、高階主管間有良好互動嗎？還是只要能閃就閃、能躲就躲，不敢主動打招呼？

凡此種種，看似點點滴滴，但也千萬不要輕忽，因為人間本來就充滿著許許多多的因緣，每一個因緣都可能將自己推向另一個高峰，更何況，內部主管、同事和自己的連動關係更為頻繁而密切，也讓「內部經營」更顯重要。

要點十一：平日就要蹲馬步、下工夫

內部關係的經營必須在平時就要用心下工夫，將關係建立好，需要時才能輕鬆以對。就像練武之人，如果平日蹲馬步的功夫做得不夠扎實，需要用時就容易流於花拳繡腿。因此：

一、應該如同客戶經營般，是全方位的：包括橫向、直向的經營，特別是「向上經營」也和面對客戶一樣，是非常重要的課題。平日「向上經營」的成效往往會在關鍵時刻（無論是業務開發或是個人生涯發展）產生臨門一腳的效益。

二、避免給人「無事不登三寶殿」的印象：唯有在平日就能為公司、同事，甚至主管多設想一點、多做一點，建立起工作交流與彼此互動的習慣，避免形成「無事不登三寶殿」、有問題時才出現的作風，才能在需要時立刻發揮平日經營的默契和效益。

整體來看，內部經營並沒什麼大訣竅，只要大家能夠發揮面對外部客戶經營時的智慧與巧思，一旦面對問題時，也可以如同外部經營般，透過你事前已經用心經營的內部基礎，將需求與建議有技巧地向上反映，不僅可以爭取到上層的協助與支持，更能在公司內部建立起自己的效率與價值。

要訣：將平凡小事做到超越期待

整體來看，「Say Hello!」、「熱情與人互動」、「內部溝通」這三項都是人際經營上最直接、頻繁的管道，也都是職場上大家天天在做的事情，似乎不需要什麼大學問，但也正因為必須天天用到，反而很容易被大家忽略了重要性和影響力，讓我們在認知和實踐之間有很深的鴻溝。

無可諱言，這些基本功都是追求多一小步優質服務的基石，雖然很簡單，但卻必須一點一滴的磨工才能變成一種習慣，所以，如果大家可以先以「超越期待」的態度自許，再來思考如何落實這些「一般人認定是平凡小事」的話，將會更容易體會到個中三昧，並內化為個人待人接物的中心價值。

主管充電站

我們常說：「管理是一門藝術。」這是因為管理不僅是針對「事」，還必須面對「人」，當你管理的對象是「事」時，必須以理性對待；相對地，若是你管理的對象與人有關，則必須以「感性」來看待它，正因為管理就像太極一樣，具備陰（感性）、陽（理性）兩面，所以即使我們訂定有公司規章及許多嚴謹的工作流程，但是身為管理者卻永遠無法規範同事間的向心力與友誼關係。

這就是管理學的陰面：「員工間私人的友誼關係」體會得到，但是看不到。對於這些在正式組織圖上面看不出來的隱形關係網的影響力，身為管理者絕對不能小覷，為了讓你的團隊展現高績效，在「內部經營」上有七點必須特別提醒各位：

一、**主管基本思維：**只要和人有關的都是大事。

二、**容許學習曲線的錯誤，勿獨撐大局：**常聽很多幹部嫌他的部屬太笨，還滿驕傲的告訴別人，好多的工作都是由他一個人獨撐。其實如果你常抱怨自己部屬太差，自己獨撐工作，你絕對不是一個稱職的主管。當部屬去做某些事情時，因為經驗比你還差，處理的結果絕對比不上你自己處理來得快速、完美，甚至出現不少差錯，這是正常學習曲線的錯誤，必須容忍並導正，千萬別因此獨撐工作，甚或部屬電話講到一半便搶過來代打，一個人再強，也只有兩隻手、二十四小時而已，一定要訓練部屬成為你的幫手。

三、**樂於施教，創造好的學習環境與風氣：**多數優質的年輕人願意留在公司服務，除了薪資、福利、工作內容之外，其實他們最關心的莫過於公司主管是否能領導他、教導他，還有公司或部門裡是否有良好的學習環境與風氣。因此主管必須具有樂於施教、不厭其煩的特質，積極培養你的部屬，最好能傾囊相授，不必擔心部屬比你強。

切記，如果你無法培養出好的部屬，充其量你只是一位老士官長，而非將才了。更何況，當你沒有好的部屬襯托時，你是無法往上升遷的，所以，不要一直埋怨你的部屬是群庸兵，其實有六〇%以上是主管未盡教導之責任（其他公司／部門的兵也絕不是天生好兵，是訓練出來的）。所謂「強將手下無弱兵」，其實並非他擁有天生強兵，而是強將懂得如何訓練，如何善用部屬的優點。

如果你經常有想換兵的感覺，或者你的部屬流動性太高，不要怪東怪西，請先檢討自己是否盡到主管輔導、教育、訓練的責任，換一個兵是否更好，其實是問號，或許另一個新兵少了某些缺點，可是又出現了其他缺點。

因此，身為主管必須充實自己，珍惜自己的兵，好好訓練才是根本之道。當然，這也並非完全得由主管自己進行訓練，有些部分你也可借重別部門的支援共同來做，但無論如何都必須由主管先行費心安排，才能創造出良好的學習環境與風氣。

四、**對人，你應該勇於賦予挑戰，以激發其潛能：**只要你懂得要求，賦予部屬責任，讓他有向更高職務挑戰的機會，激勵他、給他舞台，並相對容許一段學習曲線，你將會發現部屬許多潛藏的能力，他們都將是你和組織的寶。反之，如果你一直把他局限在很小的範圍內，一來無法讓他發揮，二來也浪費資源，最後甚至導致他離開，還可能成為別人家的寶，讓你錯失人才！切記，積極思考如何提拔、給部屬機會是主管很重要的一門必修課。

五、**你要相信年輕人的衝勁：**當然，開頭一定會犯錯，但有時候還是要給他機會，你要相信年輕人的衝勁有時會迸出新的氣象和突破。過去公司在聘僱人的時候，必須限定於有經驗的人，但最近開始，有些部門嘗試起用新人，經過幾個月、半年的調適，發現新人的衝勁所帶來的效益，未必會輸給那些有經驗的人。

六、**成全有能力的部屬，也是業務勢力觸角的延伸：**部屬因為公司組織需求，有機會被賦予其他任務或轉調別的部門時，身為主管的你應該樂於配合促成，並積極鼓勵部屬接受更大的挑戰與職涯發展，持續分享你的經驗和知識，除了樂於享受「青出於藍而勝於藍」的喜悅之外，從另一個角度來看，這也是你業務勢力觸角的延伸。

七、**在管理上，務必隨時檢視，反身自省：**對於部屬的工作，我是否經常搶過來自己處理？我手邊的例行工作是否還有可以再下放的部分？我目前所處理的工作，是否都與我的職位與職給相稱？在我的團隊之中，各階層的儲備幹部是否都已經齊備？培養出接班人了嗎？

第三章

讓「好雞婆」（熱心）成為黏著劑

除了在工作上不斷提供「多一小步」的做法，在態度上樂於用最大的熱情與人互動，積極經營好外部關係和內部關係之外，其實，如果能夠在上述所有態度和行為舉止之間，再加上一點雞婆（熱心）精神，那麼，將更可強化你在工作上或為人處事上，所有貼心服務的強度。

所謂「雞婆」（熱心），代表著並非完全是你職權範圍內的事務，因此，這份熱誠不是單純的滿腔熱血，還必須搭配細微的觀察，也就是將心比心，隨時站在他人的需求上思考、關心他人需要的一種人格特質。

畢竟組織中，總有很多事情無法界定得那麼清楚，如果，每個人都能夠稍微適度發揮「好雞婆」的精神，可能就會解決很多工作上灰色地帶的事情，不僅可以增加同事之間的感情，提高你的人緣，還有可能因此獲得更多的權力與提升位階、拓廣工作範圍的機會。其中，以喬治．波特（George Boldt）之於美國紐約華爾道夫飯店（Waldorf Astoria New York）的故事最為經典。

一個貼心，換來紐約大飯店

某個風雨交加的夜晚，一對老夫婦走進一間旅館的大廳，想要住宿一晚。無奈飯店已經全都客滿，服務生歉疚地說：「真是抱歉，若在平時，我一定會送二位到其他有空房間的旅館，但是現在外頭風雨這麼大，如果你們不介意的話，何不待在我的房間？今晚我值班，我的房間雖然不是豪華的套房，但也還滿乾淨的，兩位願意屈就一下嗎？」老夫婦倆高興地接受了他的建議，並對造成服務生的不便致上歉意。

隔天，老先生前去結帳時，櫃檯仍是昨晚的那位服務生，服務生依然親切地表示：「昨天你住的房間不是飯店的客房，所以我們不會收你的錢，也希望你與夫人昨晚睡得安穩。」老先生點頭稱讚說：「你是每個旅館老闆夢寐以求的員工，或許改天我可以幫你蓋棟旅館。」

數年後，服務生收到一位先生寄來的掛號信，信中說了那個風雨夜晚所發生的事，並邀請他到紐約一遊。服務生抵達紐約後，他在第五街及第三十四街的路口遇到了這位當年的旅客，而當時這個路口上正矗立著一棟華麗的新大樓，老先生對服務生說：「這是我為你蓋的旅館，希望你能來為我經營，記得嗎？」

這位老先生就是威廉．阿斯特（William Waldorf Astor），紐約最知名的華爾道夫飯店的所有人，而那位服務生就是喬治．波特，一位奠定華爾道夫世紀地位的推手。這家飯店從一九三一年啟用後，一直是紐約極致尊榮的地位象徵，也是各國高層政要造訪紐約下榻飯店的首選。

或許很多人會覺得故事中的服務生沒有什麼了不起，他只不過是運氣好，遇到了一位貴人。但是，諸位是否有想過，為什麼貴人總與我們擦身而過呢？對故事中的服務生來說，老夫婦遇到的困難並非他的責任，但他不但無償地幫助老夫婦，甚至還考慮到老人家在風雨下四處尋找落腳處的不便，貼心地提供了他自己的房間。

一般人在當下，可能都會覺得他太過「雞婆」、太過熱心，給自己找麻煩，雖然後來得到的成果是豐碩的，但是在過程中的關鍵就在於「雞婆」。事實上，出自真誠的雞婆雖然是不求回報的，但是別人一定會感受到，更何況對服務生而言，這樣的貼心也可算是舉手之勞，惠而不費。

不求回報，貴人卻總是在身邊

《北大教授給的24項人緣法則》書中指出，好人緣的本質就是一個「給」字，「你要得到，必先給予」。我覺得源自台灣閩南話的「雞婆」（熱心）則更勝一籌，因為通常具有這種特質的人，總是還沒想到回報，就已經先一步行動，展開熱心助人之舉。就像在辦公室裡，總有些人會主動發起團購，或是自製美食分送同事、分享旅遊資訊、辦讀書會、幫同事修理電腦等等，而「好人緣」就是他們最大的回報。

然而愈是不求回報，你愈會發現許多事情往往在幫助別人的同時也是在幫自己。某次到加拿大拜訪A公司，從他們那邊得知，照明（Lighting）模組賣得很好，因為LED的應用市場需求，獲利頗高。回來之後，我就仔細思考，或許這個領域我們也可以試試看。

之後，我向朋友提及：「我想要開始做照明模組。」不料，朋友竟然承諾要提供給我鏡頭（Lens）的相關支援，我感到很驚訝，經進一步了解之後才知道，原來是兩年前我曾在不經意的情況下，在鏡頭領域上協助過他。

當時，這位朋友本來從事相機中的鏡頭模組，因為技術門檻比較高，所以我提供給他一個手電筒的鏡頭樣本，建議他不妨由較低階的手電筒鏡頭開始做起，沒想到，那位朋友竟然從那片手電筒的鏡頭開始，認真研究，現在已經有專屬的照明實驗室，從事相關研究發展。這也是一種緣分，當初因為雞婆個性所種下去的種子，卻在兩年後的今日發芽採收了。

約莫二十幾年前，當A君還在大學進修時，某天晚上從學校回家的路上，看到高速公路上有輛車拋錨，因為當時已經很晚，幾乎沒有人會停下來，A君停下來並協助車主將破胎換掉，排除了拋錨的窘境。當下，車主拿了一張名片給A君，告知他大學畢業以後可以拿名片去找他，他願意提供A君一份工作。

一年後，A君大學畢業便拿著名片前去應徵，沒想到車主依約任用了A君，就這樣，A君進到了國外產品代理銷售部門，日後也因為這個契機，有機會自行創業，並成就了一家跨國的上市公司。A君說：「我從未想到那天晚上的熱心（雞婆），開啟我人生這麼大的舞台。」

人間充滿著許許多多的因緣，每一個因緣都可能將自己推向另一個高峰，不要輕忽任何一個人，也不要疏忽任何一個可以助人的機會，學習對每一個人都熱情以待，學習把每一件事都做到完善，學習對每一個機會都充滿感激，「惜緣，貴人就在眼前」，而好雞婆的精神就是惜緣最具體的實踐。

雞婆的好處

以下我們就來列舉「好雞婆」的精神，還可以為大家帶來哪些好處。

讓別人感到窩心

新同事剛到公司時，什麼都很陌生，這時，如果你能夠主動提供幫忙，不管是公司流程、規定、表單填寫、電腦操作、產品介紹，甚至於中餐便當，或介紹你自己及同事給新人認識，這些對你而言可能是舉手之勞的小事，新人卻會備感窩心。

要知道，新人在剛上班的階段是非常需要別人關心的，你適時的雞婆將會讓他印象深刻並感激你的熱忱，也可能因此成為你的好朋友或助手。

Y君當年被公司派駐到美國開拓市場，自己一人孤身上任，凡事都要靠自己或朋友幫忙。因為在華人不多的城市，形同三等公民的地位，種族的差異待遇讓他很不習慣，也很不喜歡。所以Y君與當地人之間的關係也愈來愈疏離，但是這種狀況對於孤身在異地開拓市場的業務來說，是非常不利的，所以這段時間，Y君在工作上一直沒什麼進展。

有一天，Y君在開車前往洛杉磯的州際公路上，碰到一台故障的車子停在路邊尋求協助。一來是因為美國的道路救援很便利，二來是當年在荒涼的州際公路上，強盜事件時有所聞，所以很少有人會停下車來支援路邊需要協助的人。

當時因為正值炎熱的午後，Y君看對方只有一個人，一副慌慌張張的樣子，因為他自己開的是貨車，所以一念之間，就停下車來協助那個人把車子拖到最近的城鎮去處理。途中聊天時，才發現對方正急於趕回洛杉磯處理急事，所以不能因為修車而耽誤既定行程，所以，Y君就好人做到底，又順便載他到附近的巴士站，路上他頻頻向Y君道謝，雙方也互相留下聯絡的方式。

之後，對方只要來到Y君住所附近的時候，都一定會來找Y君小聚，雙方也因此互動愈來愈頻繁，後來兩人不但變成好朋友，日後更成為生意上的夥伴，常常協助Y君適應美國的生活，不但完全改變Y君對美國人的印象，也讓Y君在美國開拓市場的工作有了不一樣的進展。

有時只是「順便」的小動作，卻能在往後為自己帶來意想不到的驚喜。所以說，不要太在意自己個人的得失，養成適度「雞婆」的觀念和習慣之後，往往也會在意想不到之處影響你一生。

拓展領域，增加人脈

假設你負責某條產品線，例如主動元件的產品線，但是當你在談現有生意時，若是碰到客戶可能會用到被動元件或其他部門的產品，如果你能夠主動介紹客戶給相關同仁，或是代他跑一趟，這時，你便多結交了一位朋友，多認識了其他產品，也幫助公司多增加了業績，甚至還幫客戶解決他的問題、提高了他的便利性。

短期來看，這些舉動或許對你沒有太大的實質幫助，但是長期累積下來，這些便是你的知識與人脈，可能在你需要的某個時候，別人就會願意反過來幫你。

許多年前，有次我跟球隊去打球，突然發現其中有個陌生的臉孔，他球技高超，但他既不是球隊固定成員，也不是球隊成員的親友，可是看到他跟大家又很熱絡的樣子，球敘結束後，我邀了幾個朋友到家中作客，這人竟然也不請自來，不禁讓我好奇：他到底是誰？怎麼這麼厚臉皮啊？後來經過他人介紹，我才知道他是一位保險業務，這就是我與J先生相識的過程。

當時，我的保險原就有其他保險人員負責。所以，與J先生相識後，我並未將保險轉給他，相對地，J先生也沒有因為沒做到我的保險生意就對我的態度轉為冷淡，和他認識之後，他總是很熱誠地幫我和大家服務。

每次大家出去打球、旅遊，J先生一定會帶著大包小包，裡面就像小叮噹的百寶袋一樣，中暑、擦傷、扭傷、蚊蟲叮咬，都沒問題，J先生永遠準備妥當，各式藥品一應俱全，他的醫學常識也很豐富，幫大家治療的同時，除了分享平時要怎麼養護之外，還會介紹好醫生給大家。

要招待客戶或家人聚餐找不到適合的餐廳，怎麼辦？打通電話給J先生，想吃哪種料理都沒問題，他口袋中永遠有一大堆名單，等你一行人到了餐廳之後，他已經跟經理打過招呼、訂好位置，甚至連折扣都幫忙談妥了。

家中有人生病，掛不到號、沒有床位，該怎麼辦？J先生也是一通電話馬上搞定，各大醫學中心都有他熟識的醫生，在他打點之下，一切都不用煩惱。

除了充滿活力、雞婆、熱忱、一流的服務精神之外，他也同時具備了豐富的知識、洞悉客戶需求、溝通協調能力、良好的人際關係……等，他不但對於各家不同年份的紅酒都能如數家珍，在高爾夫球上也曾下過一番工夫苦練，每到一個新球場打球，還會勤做筆記，把每座球場的特色、交通等等都記錄下來，為的就是在球敘的場合中，能和企業老闆迅速建立起良好的關係，比如說充當初學者的臨時教練、幫忙找練習場地，舉凡球場上可以盡力的項目都服務到家。

直到兩、三年後，我才正式成為他的客戶，但是J先生的一貫態度卻從一開始迄今都不曾改變。J先生「樂在其中」的做事精神，不僅與其「雞婆」的特質相得益彰，在這過程中，也常常促使他的服務思考更為周延、細膩，知識、常識更為豐富，也更能設身處地為其他人考量，而這些點點滴滴的雞婆行徑，或多一小步思維，正是擴展領域、建立人脈最重要的核心價值。

共享資源

當你收集到的資訊與其他部門有關時，如果你願意主動傳遞給對方的話，將可增加雙方的互動，對彼此均有莫大的幫助。

A君和客戶關係良好，服務也讓客戶相當滿意，因此，只要客戶生意上有需求，公司又有代理該產品的話，都會交給A君負責。最近，公司新增了一條代理線，客戶知道後，就想將這筆原先由其他代理商負責的百萬訂單交給A君，但是有個附加條件，就是價格必須和其他代理商一樣。

A君平日就與產品經理維持良好的溝通，彼此有任何訊息也會互通有無，這次，當然很高興地立刻與業務經理B君分享，怎知B君不建議他接下這筆訂單，B君強調：「這家客戶是原廠分配給另外一家代理商的負責客戶，所以公司拿到的成本會比客戶要求的價格還要高。」再加上，這項產品屬於特定產品（Non-popular item），即使產品經理願意幫業務A君，利用其他客戶去向原廠爭取特殊價格，也一定會被拒絕，或是原廠會要求前往拜訪客戶，到時候，後果反而得不償失。因此，A君只好忍痛回絕客戶之好意。

業務A君對於產品經理B君提供詳盡的專業判斷與分析，深感佩服；B君對於A君願意相信他專業上的判斷，把已經上門的業績往外推，也留下了深刻的印象，認定A君是位有才幹和發展潛力的業務，於是在良好默契下，兩人合作無間，幫公司也幫他們倆爭取到許多有利的合約，成為公司中的黃金搭檔。

有時，業務與產品經理的立場未必一致，如果雙方可以多站在彼此的立場，多發揮一點雞婆精神，資訊互通有無，並結合彼此專業與團隊精神，才能提供給客戶更細緻的服務，同時為彼此與公司創造更好的成績。

強化管理能力

或許你只是業務，遇有公司流程效率不佳或電腦有錯等問題時，雖然不在你的工作範圍之內，與你沒有直接關係，但是如果你願意反映給相關人員去修正的話，別人也會感激你，還可能與你一起研究因應之道，不僅可以在你的工作上帶來間接的效益，也會在無形中增加你觀察、思考及管理的能力。

助人之樂

愈來愈多英、美等研究實驗證明，幫助別人確實會讓自己變得快樂又健康，因為我們在幫助他人的同時，會讓腦中主管食物和性滿足的部分快樂中樞受到刺激，引發愉悅感，同時也讓自己從心理上充實自己，獲得快樂，是一件雙贏的行為。

和原廠的飯局上，A君熱情地和大家分享著他遠征法國的單車經驗，說著說著，原廠業務X君突然說：「其實我對自行車活動也非常有興趣，只是沒能像你一樣付出行動，到現在，還只是興趣而已……」那一晚，就在A君的法國自行車長征點滴中結束了飯局。

約莫一個月後，原廠X君突然接到A君電話：「X，下個星期天在墾丁有一場二〇〇K的自行車自我挑戰活動，我已經幫你報名了，你什麼都不需要準備，我前一天（星期六）早上過去接你。」

原來，飯局過後，A君得知在南台灣將舉辦高雄／墾丁一日往返的二〇〇K自行車自我挑戰活動，在自己報名參加之際，也偷偷幫X報了名，而且還事前幫他準備自行車、安全帽、安全帽（前、後）燈、車前燈、車後燈、反光背心等所有相關裝備，也安排好落腳的飯店後，才打電話告知X。

X君真的很感動，任誰也想不到，A君竟然那麼認真地把飯局上的一句話聽進去了！「一般都是產品經理和業務同仁比較會積極與原廠維繫良好關係，理論上和產品工程師比較沒有太直接的關係。X現在還是負責我們這邊的產品，而他也確實給我們很多協助，即使有些客戶的要求比較突然。」A君做的一切或許只是單純想幫同好圓一個夢而已，但是這一切，除了原廠之外，他的主管、同事也都看在眼裡，印象深刻。

真誠幫忙，助人助己

別人請求你幫忙的事，不管是不是屬於你工作職責範圍內的事，如果能夠做得到，並在不影響公司利益和本身工作前提之下，不妨予以幫忙，相對地，當你有需要時，別人也會願意對你伸出援手。

H君看到來自原廠負責窗口D君（外國人）請他代訂住宿飯店的電子郵件，心想：「訂飯店……怎麼安排好呢？順便看一下他的行程再說。」看到D君行程是第一天要拜訪台中A客戶，第二天要拜訪台中B客戶。

H君忍不住雞婆起來：「這行程也太奇怪了！不過也的確是老外才會排的行程，這樣兩天台北、台中來回奔波，實在太累了，就幫幫他吧！」除了建議D君可以將兩家客戶的拜訪行程排在同一天之外，還主動對D君提議：「你到台灣的時候，我到機場去接你，然後陪你直接到台中去拜訪客戶，將這兩天的行程跑完，畢竟你是第一次來，路途不熟，我帶你過去會比較快，也會比較順利。」

這封信完全將H君的熱心透過文字表現了出來，對D君來說猶如吃了一顆定心丸，立刻欣然接受。

當天一早，H君到機場接了D君之後，原本預計直接開車到台中，但考慮到路程有點遠，怕時間太趕，H君決定搭高鐵到台中，換個方式不但縮短了來回車程的時間，讓D君在客戶端有更多的時間交流，也因為可以不用開車，讓H君可以很專心地和D君聊天，很自然地拉近了彼此的距離。

第一天拜訪客戶的行程，在H君的陪同下很有效率也很順利地結束了，第二天也在H君的事前安排之下，讓D君可以和台北代理商的高階主管會面，D君愉快而有效率地結束了他第一次來台灣的兩天參訪行程，也因為透過H君主動、熱心的幫忙，D君的這趟任務超過他原本的規劃和預期。

不過，更讓H君想不到的是，這原本只是一個單純「讓對方可以更方便一點」的念頭，怎知在幫忙對方的同時，卻也幫了自己一個大忙：

一、原廠端：D君回到總公司之後，因為對H君留下深刻的良好印象，反而幫他爭取到新的價格，甚至在貨源上也充分配合他的需求。

二、客戶端：A、B兩家剛接觸到原廠這項產品的客戶，也因為H君帶原廠窗口D君前去拜訪，產生了莫大的信心和信任感，決定與H君維持穩定的採購關係。

H君說：「現在，D君雖然已經轉去負責其他的產品線，但還是我們的窗口，彼此之間不用再重新孰悉、建立新關係，感覺上，就像是關係和力量的再延伸，『雞婆』、『多一小步』的力量和影響效益真的很不可思議。」

人際互動對個人與組織的價值

根據波士頓顧問集團（Boston Consulting Group）的莫赫表示，員工之間的互動愈多，愈能夠解決現代組織的複雜問題，互動在人際間的價值也愈來愈高。他強調：「因為互動可以刺激創意，解決愈來愈困難的組織問題。」同理可證，在組織底下的小個體也是如此，當你面臨工作職場上愈來愈複雜的關係或變數時，唯有不斷拓展人際，與人維持互動與良性溝通，才能在職場上更為得心應手、一帆風順。

總之，不要埋頭苦幹只顧你自己份內的工作，多關心別人與公司大小事務，多做建議，雞婆（熱心）一點，一定會有好處的。切記：

一、**吃虧就是占便宜**：稱職的業務不應該凡事太計較是否對自己有利？是否會吃虧？能多為公司、客戶、同仁設想一點、多做一點，短期之內看起來似乎吃虧，沒有太多實質的回饋，但是長期來看，對你本身仍是受益無窮的，因為這些累積下來的無形資產，是任何人也拿不走的。

二、**對待任何客戶的態度不應該有差別待遇：**縱使客戶是小公司，仍然有其發展的潛力，工作比重上或許要考慮到公司整體成本，但是該有的服務品質仍然必須兼顧，絕不可短視近利，只看眼前蠅頭小利，而忽略了背後更龐大的商機。

主管充電站

由前文內容可知，主管的「雞婆精神」對團隊更顯重要。

人稱「阿基師」的國寶級廚師鄭衍基在一次演講中強調：主動、積極、用心、熱情是職場中必備的態度，每個人在職場上最好能養成「雞婆」個性，凡事多觀察、自覺、執行，成就別人的同時，無形中也提升自己。幹部如果能具備雞婆的精神或十足的熱心，主動關懷同仁，就能讓團隊成員感到窩心，增強向心力。

一、給同仁發揮的空間：隨時、主動地從組織發展和個人成長上思考同仁現有發展平台是否適當，是否可從組織調整上賦予新責任範圍或挑戰平台。

二、隨時關懷同仁，特別是新進同仁的工作情況，並適時提醒他工作上該注意的事項，積極給予協助。

三、情緒低落時給予安撫，表現優異時則多鼓勵。

四、看到部屬加班，應表示關心，並買一些小點心慰勞。

五、工作上，主動協助部屬處理困境或反映問題、調整不適切的工作負擔。

六、積極鼓勵部屬接受更大的挑戰與職涯發展，並隨時和部屬分享相關經驗或知識。

七、平日以同仁兄姐長輩自許，多關心其日常生活，適時提供建議或需求。

八、當部屬有好表現時，不吝於在其他主管、客戶或供應商面前主動稱讚，讓其發光發熱。

九、發揮更多雞婆精神，開展更多領導統御與團隊的優勢。

結語

樂在其中的做事精神，是你最強的隱形競爭力

曾經有位非常具企圖心的年輕幹部問我：「董事長在觀察高階主管時，看重什麼？執行力？誠信？還是其他特質？我應該具備什麼樣的條件才能成為協理？具備什麼樣的條件才能成為副總？我希望老闆能更明確地告訴我如何為升遷做好準備。」

我想這應該也是很多人會關心的問題。有次和韓國三星主管談到企業用人問題時，他表示三星董事長十分重視人才，特別是對於即將擔任幹部的同仁，所以每當有人員要晉升時，三星董事長都會親自面談，而且還會帶著一位面相學家在旁，觀察預備晉升者的談吐、面相、性格等等特質作為參考，直到五十歲之後，三星董事長才不再需要面相學家的協助。

由此可知，愈想往上發展、往前邁進，除了專業素養（包含業績達成率、人均產值等）之外，更需要其他方面的能量，包括協調能力、待人處事的圓融度和成熟度，而其中，如果沒有透過「多一小步的優質服務」建立起「讓大家都搶著和你合作」的人格特質或魅力，通常很難在工作上可以做到圓融、成熟，所以也有人感嘆地說：「在工作職場上，專業不保證一定能夠成功，但高人氣卻比較容易促成！」

或許很多人會認為：「讓大家都搶著和你合作」的人格特質是與生俱來的，其實只要用對方法，建立起正確的思維，許多職場上的人際互動將不再那麼複雜，甚至因為你的轉念，在工作上將更無往不利，久而久之，這些行為舉止與價值觀也會內化到你的生活中，一旦有一天，當你從「有所為而為」提升至「無所為而為」的境界時，你就會赫然發現，不知從何開始，自己也具足了「讓大家都搶著和你合作」的人格特質和魅力。

這其中的心法是什麼？我認為最主要的動力就是「樂在其中的精神」。

心是快樂的，一切都能樂在其中

再想得更深入一點，其實，職場上沒有什麼事情應該是一帆風順的！快樂或不如意這兩檔事與職務高下、財富多寡或是學經歷高低無關，關鍵在於你的「心態」，在於你是用什麼「角度」看事情、做事情。

所謂「一沙一世界，一花一天堂。」只要能夠抱持著快樂的心情和正向的態度去面對所有事情，即使你知道眼前面對的都是荊棘和困難，你還是能在微小的沙粒中找到讓自己覺得快樂的小宇宙；即使當下是很痛苦的，你也能夠在過程中發現屬於自己的快樂天堂，因為你的心是快樂的，因為你的心態是「只要我能為你服務就覺得快樂」，所以，你根本不會在乎對方的反應或態度，因為快樂天堂是由你建造、主導的，不是別人，不是那些十之八九不如意的事，更不是執行結果。

「快樂」是你一開始就幫自己定調的主軸，所以不管最後有沒有結果，中間過程有多麼痛苦艱辛，甚至最後失敗了，你也不會自此喪氣失志，因為你的快樂來自於你可以幫別人服務，而在日常事務中，我們隨時隨地都有機會可以幫別人服務，只要心態是對的，就能領略到：其實每一站都會有讓自己快樂的因子存在，而這快樂因子也是促使你繼續往下一站前進的動力，到了下一站，你又有機會幫別人服務，又繼續累積快樂的因子，然後，又有另一個動力促使你繼續前進。結果，你可以發現每一站都是快樂的，動力也就因此源源不絕，這就是「樂在其中」的妙趣。

相對地，「不快樂」很容易就會讓你卻步，無法往前進，所以，我們應該將產生快樂因子的機制建立在自己可以完全掌控的元素上，那就是我們的「心」，同時也應該將影響快樂的變數降到最低（只要我能為你服務就覺得很快樂），那麼，讓自己一直維持在「很快樂」的心情其實也不會太困難！

激勵自己快樂的十種思維

最後，我還要和各位分享十個可以幫助大家通透「樂在其中」個中三昧的思維，只要大家能建立並真正想通了下面的十種思維，相信無論何時何地都會讓他人感受到你的貼心服務，因為你是真心誠意地發自內心、帶著「歡心」做一切事，這樣的快樂才是身心合一、源自於內在的動力。

樂觀、積極、隨緣

面對所有的事情都必須要正向看待、懷抱希望，這就是「樂觀」。正因為有希望，即使只有萬分之一的曙光，也要「積極」盡一切努力設法達成，不可輕言放棄，一定要試到最後一秒鐘、最後一種方法。只要我們已經盡力，所有該試的方法也都去做了，最後如果還是失敗，不妨以「平常心」處之，或許命中注定這次不該你得的，這就是「隨緣」。想通了、想透了，很快又可重拾信心再出發。我的經驗是用「盡人事而後聽天命，保持樂觀、積極而隨緣的態度」來平衡失望、不如意的情緒，對事如此，對人也是一樣。

同理心與包容力

多數人總習慣從自己的角度和既定立場看問題，所以在職場或生活上難免會有不愉快或不好的感受產生，這時千萬要冷靜下來，先從對方的角度感同身受一下，若是錯不在你，不妨就包容他，善用「替對方找藉口：如果我是他」的方法，主動找一個理由原諒對方，就算這個藉口極其荒謬也無妨。

反之，若真的是自己的問題，在事情處理過後，你可以好好向對方道謝一番

（儘管當下對方態度可能很差），以更大的包容力面對問題，一定可以讓自己得到許多預期之外的喜悅與友誼。

認清個人存在的價值

每天一進辦公室可能就有許多事湧上門，手邊的事還未能處理完，新的工作又堆過來，甚至十之八九都是麻煩、瑣碎的事情，不但工作忙碌又傷透腦筋。這時候，如果你能夠想到：「萬一我不具有任何存在價值的話，大家又怎會對我有這麼多的需求？」以「能夠幫助他人解決問題是個人存在價值之所在」的想法去做，那麼這些看似麻煩、瑣碎的事情，都會轉化為個人面對新挑戰、享受解決問題後成長與成就的喜悅來源。

樂於享受無中生有

只要是原先沒有，經過你的努力促成而使其成立或存在，這種「無中生有」的過程，或是「將原本不相關變成相關」，甚至是「將不可能轉化為可能」的過程，都是相當可貴的一種經驗，也會是各位最大的成就與樂趣來源。切記，一定要懂得享受「無中生有」的樂趣！

快樂建立在解決問題後的成就感

將困難問題的發生當成自然現象，勇於面對、勇於解決，把快樂建立在解決問題後的成就感之上，這樣在過程中才不會感到痛苦和枯燥，讓你永遠有衝勁，秉持毅力和耐性，以解決困難問題為樂，不僅能享受每天不斷進步和成長的成就感（即使只有一點點、一小步），也才能持續思考如何創新的方法。

助人為快樂之本

前文提過，愈來愈多英、美等研究實驗證明，幫助別人確實會同時讓自己變得快樂又健康，是一件雙贏的行為。所以，千萬不要以事小而不為，特別是當別人有需求而你又可以做到的話，何不懷抱著「日行一善」、「助人為快樂之本」的態度處之，既可幫助他人，同時也讓自己獲得一份金錢買不到的快樂。

凡事正面思考，快樂存乎一心

所有的事情都會因為你的想法或態度呈現出一體兩面的兩極化差異，從這一面看是正面的，從另一面看則是負面的，之間正好有一百八十度的差別，比如說，

「你吃飽沒？」你可以解讀為對方的關心問安，你也可以解讀成對方諷刺你貧窮沒飯吃。所以說，關鍵不在於別人怎麼說、怎麼做，或是你面對的是什麼樣的工作，而在於你怎麼想、怎麼看，或是用什麼樣的心態面對？重點是，如果你可以多往正面解讀，就會愈看（愈想、愈做）愈快樂，反之，當然就愈來愈不高興，其間的差別只在一念之間，完全存乎一心。而且，你的歡心態度和快樂精神還會延伸影響到所有與你接觸的人，觸發他們的感動和感謝，又為自己帶來更大的成就感與滿足。

個人目標是產生快樂的泉源

許多人問我：「你何必這麼累？又要寫教材，又要幫同仁上課？」其實，「累不累」是一種相對的感受，關係著你的目標與期待。比方說，如果今天我寫教材、上課是為了賺錢，就不見得快樂，還可能會愈做愈累，因為賺不了多少錢。但是如果我只是想貢獻自己的經驗和產業知識，讓這些價值可以傳承，可以幫助、訓練更多人，讓他們少走冤枉路，並在這基礎之上青出於藍地成長、茁壯，實踐他們的想法，這豈不是一件很有意義又很愉快的事？這就是我的目標，沒有什麼特別偉大的計畫。你們覺得我很累，我卻樂在心中，因為這是有意義的。

你不妨也試著依照自己的期待設定短、中、長程不同的目標，這目標不一定要多麼偉大、多麼了不起，諸如為了送老婆一間房子，為了讓小孩的生活能更有保障，為了某個心中的遠景，為了傳承……，甚至為了送給自己的生日禮物等都無妨，只要對自己具有意義就好，讓它成為激勵自己的動力以及快樂的泉源，因為累和快樂常是一線之隔，當你覺得做這件事是有目標、有意義的，你就會有動力、就會快樂，或許身體上會覺得疲累，但心中卻是快樂的，尤其是達到目標後的成就感，更是不可言喻。

知足

美國艾茉莉大學（Emory University）的精神科醫師伯恩斯（Gregory Berns）於《滿足》（*Satisfaction*）一書指出，快樂更接近於滿足。就像我持續不斷寫教育訓練用的教材一樣，我並沒有一下子就將目標設得太高，我認為只要一百人中有兩個、三個人覺得有用，拿去用，就是最佳回報！也因為知足的態度，讓我一路堅持、快樂做到現在。所以，凡事不要一下子就過度苛求自己，或過度羨慕別人現在的光環，以至於總在不滿足的情緒中心生沮喪，責備、埋怨自己卻於事無補。

應該要認清楚，羅馬絕不是一天造成的，成功也需要一步一步累積的過程，只要在這過程中你持續有進步，就應該為自己拍拍手，懂得知足才能常樂，也才能有持續前進、發光發熱的動力。

時時心存感恩

我們常常會聽到許多人把「感恩」帶在嘴上、放在心上，或許並沒有特定的感恩對象，只是一種面對事情的態度和心念：碰到好的事情，感恩所有成就他的人和事；碰到不好的事情或困難，也把吃苦當吃補，感恩一切磨練他的人和事。結果，不但能讓自己更坦然、樂於面對一切逆境，也往往因為心念的關係，讓這些逆境真的都轉換成了逆增上緣，正所謂「天將降大任於斯人也，必先苦其心志，勞其筋骨……。」

期許大家都能仔細體會以上這十種思維，一旦想通了，不管做任何事情心中都會真的感到快樂。一旦心中有樂，你的人際互動品質也會提升。有個糕餅業的朋友，他說有一次一位老主顧突然問他：「你怎麼了？碰到什麼困擾嗎？」

糕餅朋友丈二金剛摸不著頭緒地說：「我很好啊，怎麼了嗎？」

老主顧卻告訴他：「可是我之前某天買你的糕餅回去吃，味道和以往不同，似乎很不開心？」

糕餅朋友說：「應該不會啊，我用的料和比例都一樣啊！」但是當他再用力去追溯那天發生什麼事時，才恍然大悟，原來那天的心情因為某些事而覺得很糟，也就是說，做糕餅的同時是帶著不愉快的心情。

沒想到，這心理的變化卻被忠實地記錄在產品之中，讓老顧客吃出來了！自此以後，這位糕餅朋友深以為誡，絕不在心情不好的時候做產品，或者是倒過來看，每當做產品之前，一定要讓自己的心情調整好，用最快樂的心做產品，以回饋客戶的支持。

或許你現在的人緣已經很不錯，也可能目前的人緣挺糟的，那都無妨，因為沒有人可以回到過去重新開始，處理好下一秒的事才是最重要的，因為任誰都可以從現在開始，運用「多一小步的二十一種思維」、「Say Hello!展開活力的一天」、「熱情與人互動」、「重視內部經營如同外部經營」與「雞婆（熱心）黏著劑」，幫自己書寫一個全然不同的未來。

新商業周刊叢書 BW0534

比專業更重要的隱形競爭力

多做一小步，創造難以取代的價值

國家圖書館出版品預行編目（CIP）資料

比專業更重要的隱形競爭力：多做一小步，創造難以取代的價值／曾國棟原著．口述；王正芬整理．補充．-- 初版．-- 臺北市：商周出版：家庭傳媒城邦分公司發行，2014.06
面；　公分．--（新商業周刊叢書；BW0534）
ISBN 978-986-272-587-0（平裝）

1. 職場成功法

494.35　　103006848

原著・口述／曾國棟
整理・補充／王正芬
企劃選書／陳美靜
責任編輯／鄭凱達
校　　對／吳淑芳
版　　權／黃淑敏
行銷業務／周佑潔、張倚禎

總編輯／陳美靜
總經理／彭之琬
事業群總經理／黃淑貞
發行人／何飛鵬
法律顧問／台英國際商務法律事務所　羅明通律師
出　　版／商周出版
臺北市104民生東路二段141號9樓
電話：(02) 2500-7008　傳真：(02) 2500-7759
E-mail: bwp.service @ cite.com.tw
發　　行／英屬蓋曼群島商家庭傳媒股份有限公司　城邦分公司
臺北市104民生東路二段141號2樓
讀者服務專線：0800-020-299　24小時傳真服務：(02) 2517-0999
讀者服務信箱E-mail: cs@cite.com.tw
劃撥帳號：19833503　戶名：英屬蓋曼群島商家庭傳媒股份有限公司城邦分公司
訂購服務／書虫股份有限公司客服專線：(02) 2500-7718；2500-7719
服務時間：週一至週五上午09:30-12:00；下午13:30-17:00
24小時傳真專線：(02) 2500-1990；2500-1991
劃撥帳號：19863813　戶名：書虫股份有限公司
E-mail: service@readingclub.com.tw
香港發行所／城邦（香港）出版集團有限公司
香港灣仔駱克道193號東超商業中心1樓
E-mail: hkcite@biznetvigator.com
電話：(852) 25086231　傳真：(852) 25789337
馬新發行所／城邦（馬新）出版集團
Cite (M) Sdn. Bhd.
41, Jalan Radin Anum, Bandar Baru Sri Petaling, 57000 Kuala Lumpur, Malaysia.
電話：(603) 9057-8822　傳真：(603) 9057-6622　E-mail: cite@cite.com.my

封面設計／黃聖文
印　　刷／鴻霖印刷傳媒股份有限公司
總經銷／聯合發行股份有限公司　地址：新北市231新店區寶橋路235巷6弄6號2樓
電話：(02) 2917-8022　傳真：(02) 2911-0053
行政院新聞局北市業字第913號

■2014年6月5日初版1刷
■2024年1月10日初版10.1刷

Printed in Taiwan

定價270元

ISBN 978-986-272-587-0

城邦讀書花園
www.cite.com.tw